钢筋混凝土剪力墙结构
消能减震设计与性能评估

王明振　孙柏涛　杨在林　高霖　著

北　京

冶 金 工 业 出 版 社

2020

内 容 提 要

刚度串联式耗能连梁设计方案自20世纪90年代被提出以来，国内外学者进行了一定的研究。但目前大多数研究多着重于阻尼器类型的设计以及组合耗能连梁构件层次上的设计，而对于减震系统整体设计尚缺乏必要的研究。本书基于国内外研究现状，针对刚度串联式耗能连梁的设计概念、设计技术以及阻尼器沿结构空间位置优化等问题进行了研究，基于弹塑性反应谱理论提出了刚度串联式减震结构减震性能曲线，并根据减震性能曲线建立了阻尼器设计方法以及阻尼器在结构空间上布设的设计公式。

本书可供土木工程、安全科学与工程等领域的工程师、科学技术人员与高等院校师生参考。

图书在版编目（CIP）数据

钢筋混凝土剪力墙结构消能减震设计与性能评估/王明振等著. —北京：冶金工业出版社，2020.9

ISBN 978-7-5024-5809-6

Ⅰ.①钢… Ⅱ.①王… Ⅲ.①钢筋混凝土结构—剪力墙结构—抗震性能—研究 ②钢筋混凝土结构—剪力墙结构—防震设计—研究 Ⅳ.①TU352.1

中国版本图书馆 CIP 数据核字（2020）第 166627 号

出版人 陈玉千

地　　址　北京市东城区嵩祝院北巷 39 号　邮编　100009　电话　(010)64027926
网　　址　www.cnmip.com.cn　电子信箱　yjcbs@cnmip.com.cn
责任编辑　于昕蕾　美术编辑　吕欣童　版式设计　禹　蕊
责任校对　郑　娟　责任印制　禹　蕊
ISBN 978-7-5024-5809-6
冶金工业出版社出版发行；各地新华书店经销；三河市双峰印刷装订有限公司印刷
2020 年 9 月第 1 版，2020 年 9 月第 1 次印刷
169mm×239mm；10 印张；194 千字；151 页
68.00 元

冶金工业出版社　投稿电话　(010)64027932　投稿信箱　tougao@cnmip.com.cn
冶金工业出版社营销中心　电话　(010)64044283　传真　(010)64027893
冶金工业出版社天猫旗舰店　yjgycbs.tmall.com
（本书如有印装质量问题，本社营销中心负责退换）

前　言

中国 58% 的国土面积、70% 的 100 万人口以上的大中城市、50% 以上的城市都处于Ⅶ度及以上地震高烈度设防区，时刻面临着严重地震灾害的威胁。目前国内已有的钢筋混凝土剪力墙结构震害实例，大多数震害表现为连梁的破坏。对于钢筋混凝土结构来说，连梁的破坏同样也会导致结构无法正常使用和较大的经济财产损失。因此，如何提高钢筋混凝土剪力墙结构中连梁的抗震性能，尤其是如何较好地实现"强剪弱弯""强墙肢、弱连梁"的概念设计原则，已成为提高钢筋混凝土剪力墙结构整体抗震性能的重点研究方向。尽管国内外相关研究人员对钢筋混凝土剪力墙结构连梁抗震设计进行了大量研究，且相关研究成果已经在国内外工程实际中都得到了应用，但目前大多数研究着重于阻尼器类型的设计（阻尼器类型包括开缝钢板、弯曲性钢板、工字钢、形状记忆合金、摩擦阻尼器等）以及组合耗能连梁构件层次上的设计，而对于减震系统整体的设计尚缺乏必要的研究。因此，有必要对阻尼器在结构空间位置的布置优化问题进行深入的研究。

本书根据上述现状和问题，主要向相关领域的科技工作者和专业工程技术人员较系统地介绍钢筋混凝土剪力墙结构连梁工作原理、基于弹塑性反应谱理论的减震系统工作原理、刚度串联式结构减震性能曲线及减震设计方法、结构竖向阻尼器布置方法、结构水平方向阻尼器布置方法以及刚度串联式耗能连梁结构设计实例。研究范围包括阻尼器设计以及阻尼器空间位置优化布设，研究成果参考现行规范条文形式表达，便于工程人员使用。希望本书能对钢筋混凝土剪力墙结构耗能连梁设计与空间优化问题研究起到抛砖引玉的作用。

　　本书主要是在笔者博士论文的基础上完成的，感谢博士学位授予单位——中国地震局工程力学研究所以及哈尔滨工程大学力学博士后流动站的培育和关怀，书中的一字一句均凝结着笔者导师孙柏涛研究员和杨在林教授的智慧和心血。感谢高霖副教授逐字逐句的核对与校验。感谢中国地震局工程力学研究所基本科研业务费专项项目（2019D13）、重庆市自然科学基金面上项目（cstc2019jcyj-msxmX0739）、重庆文理学院科学研究基金资助项目（2017RJJ32）的经费支持。同时，向悉心支持笔者工作的重庆文理学院领导、专家和同事致以诚挚的谢意。

　　由于笔者水平有限，编写时间仓促，书中难免存在的不足之处，恳请同行专家和读者指正。

王明振

2020 年 6 月

目　录

1 绪 论

1.1 选题背景

根据大陆漂移学说可知地球主要由欧亚大陆、太平洋板块、非洲大陆、美洲大陆、印澳板块和南极板块等 6 大板块组成，而 6 大板块又由若干较小的版块组成。由于地壳持续不断的构造变动，致使相邻板块之间发生对撞、插入、走滑等突变，或板块内部岩层发生不均匀应变，直接导致岩层突然断裂或猛烈错动，并且岩层突变产生的能量一部分以弹性波的形式传递到地面，引起地面瞬间发生剧烈震动，这就是地震产生的基本原理。与火山、台风、洪水等灾害一样，地震也是一种自然现象。地震发生后，地震波由震源通过复杂的中间介质，经多次折射、反射和滤波过程后，将巨大的能量在极短的时间内作用到地基土和建构筑物上，进而引起严重的人员伤亡和财产损失，并且地震还易引起火灾、瘟疫、滑坡、泥石流等次生灾害，以上为地震灾害最常见的表现形式。历次地震表明，地震灾害是世界上人类面临的最大威胁与挑战之一[1]。

我国地处欧亚板块、太平洋板块和印澳板块三大板块交界。由于三大板块之中又存在大小不一的小版块（如菲律宾海板块等），且地质构造活动较为活跃，因此板块交界处一般会形成规模宏大的火山地震带。例如，我国西部大陆濒临地中海—喜马拉雅山火山地震带，东部海域连接环太平洋火山地震带，同时我国大陆内部还存在因地质构造运动形成的 24 个规模较大的地震断裂带，典型的代表有龙门山地震带（南北地震带）、郯庐地震带、阿尔泰山地震带、喜马拉雅地震带、汾渭地震带、华北平原地震带和西昆仑—帕米尔地震带等[2]。

据统计，在大小板块相互作用下，我国大陆地区平均每 10 年发生约 200 次 5 级及以上地震、约 40 次 6 级及以上地震、约 2 次 7.5 级以上地震，以及约 1 次 8.0 级及以上地震。在全球范围内来说，我国大陆地区在仅占全球陆地总面积 7% 的前提下，遭受的 7 级以上地震占全球的 35%[2,3]。

在如上所述的地震频发背景下，中国 58% 的国土面积、70% 的百万人口以上的大中城市、50% 以上的城市都处于Ⅶ度及以上地震高烈度设防区[2]。因此，中国时刻都面临着严重地震灾害的威胁。

历次震害表明，地震过程中建筑物或构筑物的破坏是造成人员伤亡和经济损失的重要原因之一。例如 1976 年唐山 7.8 级大地震，极灾区 90% 的单层砌体房屋倒塌、85%的多层建筑倒塌，地震共造成24.2万余人死亡、直接经济损失近百亿元；2008年汶川8.0级大地震，造成796.7万间房屋倒塌，2454.3万间房屋损坏，6.9万余人死亡、1.79万人失踪，直接经济损失高达8451亿元。基于历次地震灾害的经验和教训，人们普遍认识到"增加土木工程设施的抗震能力是减轻地震灾害损失的重要途径"。

钢筋混凝土剪力墙结构作为常见的结构类型，被广泛应用于工业与民用建筑工程实际中。尤其是自1992年我国进入城镇化快速发展阶段以后，钢筋混凝土剪力墙结构因其土地利用率高、抗震能力优越而在城镇建筑总数量中占有越来越高的比例[4]。因此，钢筋混凝土剪力墙结构抗震能力的高低直接影响我国大中城市防灾减灾能力的好坏。

国内外历次地震灾害表明，钢筋混凝土剪力墙结构在强烈地震动作用下仍会发生不同程度破坏[5]，且钢筋混凝剪力墙结构一旦破坏就会造成巨大的经济损失。

1985年3月4日智利滨海发生7.4级强烈地震（震源深度33km），但在离震中80km的滨海城市比尼亚德尔马（Vina Del Mar）内存有的230余栋中、高层钢筋混凝土剪力墙结构中仅有10%的结构发生中等破坏或严重破坏[6]。鉴于钢筋混凝土结构在此次强烈地震事件的良好表现，智利开始在震后推广和提倡钢筋混凝土剪力墙结构的设计和建造。在1996年颁布实施的《智利建筑结构设计规范》中对钢筋混凝土剪力墙结构的设计要求进行了一定的放宽，甚至该规范要求剪力墙可以不设边缘约束构件，但在2010年2月27日智利遭遇8.8级大地震时，智利国内大量钢筋混凝土剪力墙结构发生剪力墙混凝土受压破坏和剪力墙钢筋的外鼓屈曲与拉断破坏，有数千片钢筋混凝土剪力墙墙片发生如图1-1所示的破坏，并且还发生了如图1-2所示的结构倒塌震例[7]。

图 1-1 剪力墙墙片发生破坏　　　　　图 1-2 剪力墙结构发生倒塌

2011年2月22日新西兰基督城（Christchurch）近郊发生6.3级强烈地震。由于这次地震属于浅源地震，导致震后城区大量房屋发生破坏。如图1-3所示为基督城一栋建于 1985 年的 7 层钢筋混凝土剪力墙结构，结构总高度为 23.1m，建筑面积 1197m^2[8]，在强烈地震动作用下，该结构底层的 V 形剪力墙墙角发生严重破坏，如图 1-4 所示。

图 1-3 基督城 123 Victoria Street 某剪力墙结构

a b

图 1-4 底层 V 形剪力墙发生严重破坏
a—外视图；b—内视图

上面 3 个钢筋混凝土剪力墙结构震害实例均为钢筋混凝土剪力墙的典型震害，这 3 例剪力墙破坏震害均与剪力墙墙片抗震设计存在缺陷有关，例如图 1-1 对应的墙片因缺少端部约束措施而发生严重损坏，图 1-2 对应的结构因剪力墙厚度较小、墙片轴压比较大、结构延性较低导致结构发生倒塌，图 1-4 所示的结构因剪力墙墙片布置不合理、墙片形状不规则造成墙片根部发生严重损伤。

从国内已有的钢筋混凝土剪力墙结构震害实例来看，大多数震害表现为连梁的破坏。图 1-5、图 1-6 所示为 2008 年汶川地震中典型的钢筋混凝土剪力墙结构连梁震害实例。

图 1-5 彭州市剪力墙结构高连梁破坏   图 1-6 剪力墙门洞连梁出现交叉斜裂缝

图 1-5 对应的结构设防烈度为Ⅶ度（设计基本地震加速度值为 0.1g），汶川地震中该建筑位于Ⅶ度区。汶川地震中该结构连梁发生严重的剪切破坏[9]。图 1-6 所示为汶川地震远震区内钢筋混凝土剪力墙结构典型震害实例。该结构总层数为 35 层，在强烈地震动作用下结构第 9~16 层的连梁普遍发生如图 1-6 所示的斜裂缝[10]。

我国 GB 50011—2010《建筑抗震设计规范（2016 年版）》（以下简称"抗规"）[11] 及 JGJ 3—2010《高层建筑混凝土结构技术规程》（以下简称"高规"）[12] 对钢筋混凝土连梁的设计基本要求见表 1-1。

表 1-1 钢筋混凝土连梁设计基本要求

序号	基 本 要 求	对应规范章节
1	跨高比不小于 5 的连梁宜按照框架梁设计	高规 7.1.3
2	连梁应与剪力墙取相同的抗震等级。抗震等级为特一级的剪力墙、筒体墙的连梁抗震等级为一级	高规 7.2.21 条文说明；高规 3.10.5
3	在"小震"和风荷载作用下，连梁处于弹性或基本弹性工作状态	
4	在"中震"作用下，应按照"强墙肢、弱连梁"的原则保证连梁先于墙肢发生屈服，使连梁担当联肢剪力墙的抗震设防第一道防线，同时还应按照"强剪弱弯"的原则允许梁端出现弯曲屈服塑性铰来耗散地震能量，但不应使连梁发生剪切塑性铰	
5	在"大震"作用下，允许连梁发生破坏	
6	跨高比较小的连梁，可设水平缝形成双连梁、多连梁或采取其他加强受剪承载力的构造	抗规 6.4.7
7	顶层连梁的纵向钢筋伸入墙体的锚固长度范围内，应设置箍筋	抗规 6.4.7

序号	基本要求	对应规范章节
8	一、二级核心筒和内筒中跨高比不大于 2 的连梁，当梁截面宽度不小于 0.4m 时可采用交叉暗柱配筋，并应设置普通箍筋；截面宽度小于 0.4m 但不小于 0.2m 时，除配置普通箍筋外，可另增设斜向交叉构造钢筋	抗规 6.7.4

综合分析我国抗震设计规范中的相关条文规定与我国大陆范围内钢筋混凝土剪力墙结构震害实例可知，我国部分钢筋混凝土剪力墙结构可以实现在"中震"作用下连梁先于墙肢发生屈服的目的，即连梁起到了作为结构抗震设防第一道防线的作用。

但如图 1-5、图 1-6 所示的连梁均发生了剪切斜裂缝，这种震害现象与"强剪弱弯"设计原则的设计目标有出入；并且，对于钢筋混凝土结构来说，连梁的破坏同样也会导致结构无法正常使用和较大的经济财产损失。因此，如何提高钢筋混凝土剪力墙结构中连梁的抗震性能，尤其是如何较好地实现"强剪弱弯""强墙肢、弱连梁"的概念设计原则，已成为提高钢筋混凝土剪力墙结构整体抗震性能的重点研究方向。

1.2 研究现状

1.2.1 连梁设计技术

连梁作为剪力墙结构抗震设防诸多措施中的第一道防线，设计时应保证连梁既不能屈服太早也不能刚度太大。因为连梁屈服过早容易导致在正常使用状态下或遭遇小震作用时剪力墙的刚度不能充分发挥作用；而连梁刚度和极限承载力太大则对实现"强墙肢、弱连梁"的设计理念不利[13]。故而自 1964 年 Alaska 地震以后国内外许多学者对连梁的抗震设计进行了深入的研究，并先后提出了斜向交叉暗撑配筋连梁、斜向交叉钢筋连梁、菱形配筋连梁、劲性连梁、刚性连梁、刚度串联式耗能连梁等设计方案。

1.2.1.1 国外研究现状

A 普通配筋连梁

联肢剪力墙中连梁最常用的配筋构造形式为如图 1-7、图 1-8 所示的普通配筋连梁。普通配筋连梁的主要特征为其受力钢筋是平行于梁跨的纵向钢筋。在钢筋混凝土剪力墙结构中，普通配筋连梁应用时间最早，应用范围也最为广泛。国内外许多学者对普通配筋连梁的力学性能进行了大量的研究。

1970 年左右，坎伯雷大学（the University of Canterbury）的 Paulay 教授对

跨高比较小的连梁进行了力学性能试验，试验结果表明普通配筋连梁容易发生剪拉破坏和梁端剪切滑移破坏。普通配筋连梁发生剪切破坏的主要原因是，连梁箍筋配置不足，导致剪切斜裂缝沿对角线贯通[14]；而普通配筋连梁发生梁端剪切滑移破坏的主要原因是，无论箍筋的数量有多大，抗剪钢筋根本无法阻止竖向裂缝平行于箍筋方向开展[15]。因此，普通配筋连梁不宜应用于跨高比较小的连梁。

1996 年，T. P. Tassios 等人[16]针对小高跨比的普通配筋连梁进行了试验，得出了与上述试验相近的结论。

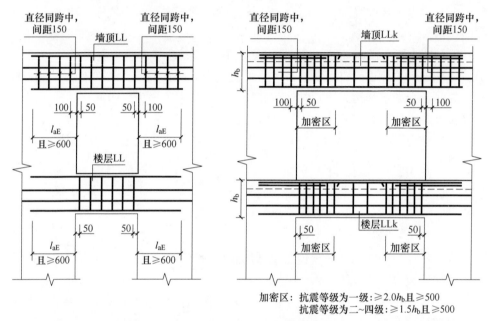

图 1-7　普通连梁（代号 LL）配筋构造　　图 1-8　按框架梁设计连梁（代号 LLk）配筋构造

B　斜向交叉暗撑配筋连梁

1974 年，新西兰坎伯雷大学 Paulay Thomas 教授和 J. R. Binney 教授基于跨高比小于 1.5 的普通配筋钢筋混凝土连梁抗剪性能试验，提出了斜向交叉暗撑配筋连梁[14]。斜向交叉暗撑配筋连梁配筋构造形式如图 1-9 所示。

由于斜向交叉暗撑配筋连梁具有相对较好的力学性能，所以自方案提出以来，美国[17~19]、新西兰[20]、加拿大[21]、欧洲[22]以及中国[11]等国家或地区设计规范先后都采纳了这一设计方法。

但在实际应用过程中发现，斜向交叉暗撑配筋连梁也存在一定的不足之处。例如，因暗撑配有较多箍筋，导致钢筋骨架绑扎难度增加，并且过密的钢筋布置还会对施工带来较大的困难。此外，此类连梁跨中区域交叉斜筋抗弯能力相对变低，且跨中横截面上下端纵筋配筋率较低，最终导致连梁跨中区域斜截面抗弯承载力下降。

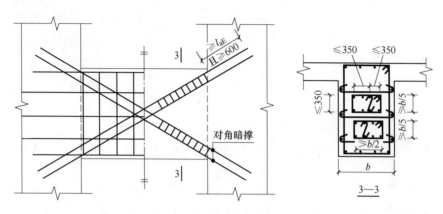

图 1-9 斜向交叉暗撑配筋连梁（对角暗撑配筋连梁，代号 LL（JC）） 配筋构造

C 斜向交叉配筋连梁

1980 年，Barney 等人对配有斜向交叉受力钢筋且跨高比在 2.0～5.0 之间的连梁进行了若干试验，试验结果表明，配有斜向交叉受力钢筋连梁的位移延性系数高达 9.0～10.2，于是首先提出了如图 1-10 所示的斜向交叉配筋连梁设计方案[23]。斜向交叉配筋连梁设计方案通过在连梁纵向截面内呈 X 形布置若干受力钢筋，依靠这些钢筋和混凝土一起形成对角交叉拉压杆，由拉压杆将连梁所受剪力传递到墙肢，最终实现提高连梁的抗剪承载力的目的。

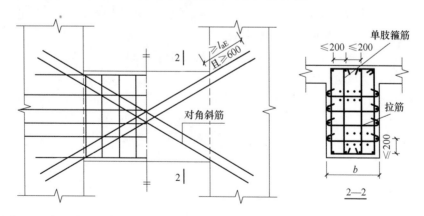

图 1-10 斜向交叉钢筋连梁（集中对角斜筋配筋连梁，代号 LL（DX）） 配筋构造

斜向交叉配筋连梁设计方案是斜向交叉暗撑配筋连梁设计方案的简化形式。由于斜向交叉钢筋连梁不需在斜向受力钢筋间布置箍筋，所以使用斜向交叉配筋连梁的横截面厚度要小于应用斜向交叉暗撑配筋方案连梁的横截面厚度。

D　菱形配筋连梁

1988 年，G. G. Penelis 和 I. A. Tegos 提出了如图 1-11 所示的菱形配筋连梁设计方案[24]。

1996 年，Theodosios P. Tassios、Marina Moretti、Antonios Bezas 等人[16]针对缩尺比为 1 : 2、剪跨比为 0.5 和 0.83 的普通配筋连梁、斜向交叉暗撑配筋连梁、多边形配筋连梁、长销栓配筋连梁（连梁横截面中部位置水平布置若干根通长受

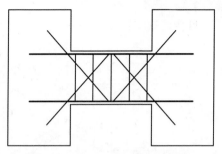

图 1-11　菱形配筋连梁配筋构造

力钢筋，与墙肢混凝土相连）和短销栓配筋连梁（在梁端与墙肢之间水平向布置若干不通长钢筋）等 10 个试件进行了拟静力推覆试验。试验结果表明，斜向交叉暗撑配筋连梁力学性能最优，多边形配筋连梁力学性能优于普通配筋连梁、长销栓配筋连梁和短销栓配筋连梁。

E　型钢-混凝土混合连梁

1951 年，M. Newmark 等人基于欧拉-伯努利梁理论率先对混合连梁部件间的相互作用进行了建模分析[25,26]。

1974 年，为消减不均匀沉降对双肢剪力墙的影响，A. Coull 率先提出了在墙肢中间设置刚性连梁[27]的设计方案；而型钢-混凝土组合连梁是刚性连梁主要设计方案类型之一[28]。

1989 年英国 Dundee 大学的 Subedi 率先对内置钢板的钢筋混凝土梁进行了试验研究[29,30]。试验表明，与普通钢筋混凝土梁相比，钢板-混凝土混合梁具有较高的承载能力，但设计时应注意加强钢板与混凝土之间的黏结措施，避免钢板与混凝土接触面之间发生剪切滑移破坏。

1993~2001 年，Bahram M. Shahrooz 等人[31~34]对型钢-混凝土混合连梁进行了试验研究。试验结果表明，型钢-混凝土混合连梁在往复位移作用下滞回曲线饱满，具有较好的力学性能。型钢-混凝土混合连梁构造形式如图 1-12 所示。

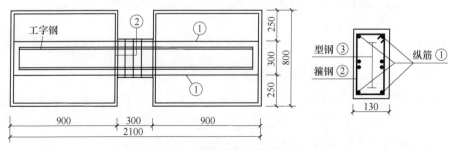

图 1-12　型钢-混凝土混合连梁

1.2.1.2 国内研究现状

自普通配筋连梁、斜向交叉暗撑配筋、斜向交叉配筋连梁、菱形配筋连梁以及型钢-混凝土组合连梁等设计概念提出以来，国内相关学者也进行了大量的研究。由于上述五种连梁设计方案提出的时间较早，且某些连梁设计方案已被许多国家的设计规范采用，国内后续的相关研究成果突破不大，所以本节不再一一分析国内学者对于上述连梁设计方案所做的相关研究成果。

下面主要介绍"双连梁"、交叉斜筋配筋连梁和钢支撑组合连梁等国内自主提出的连梁设计方案的研究现状。

A 双连梁

1984 年，清华大学李国威、李文明[35]基于反复荷载下钢筋混凝土剪力墙连系梁试验，首次提出了在连梁梁高中线开水平通缝的"双连梁"设计方案，试验表明该方案可显著地增大连梁跨高比并减少连梁内的剪应力水平，有效防止连梁发生斜拉破坏；但该方案对连梁刚度削弱过大，且难以避免连梁端部发生剪切滑移破坏。双连梁构造如图 1-13 所示。

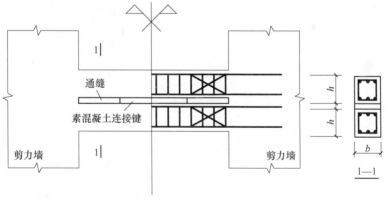

图 1-13　双连梁构造

1987 年，西安冶金建筑学院王崇昌、董至仁等人[36]在清华大学研究的基础上提出了在双连梁端部配置交叉钢筋的连梁设计方案，该方案可以避免发生双连梁梁端发生剪切滑移破坏，且设计的连梁具有较好的延性。

1991 年，丁大钧、曹征良等人[37]在前人研究的基础上，提出了自控连梁方案，即在双连梁的基础上在连梁跨中设置由素混凝土组成的、将水平通缝隔成两段的"连接键"，试验表明自控连梁与普通双连梁相比具有较大的初始刚度，在弹性阶段可为结构提供较强的约束作用，且自控连梁中的连接键和梁端塑性铰可有效地起到耗能减震的作用。之后国内许多高校对双连梁进行了进一步的研究。

2008 年汶川地震中震害表明，设有双连梁的结构震害情况要轻于仅设普通连梁的结构[9]。尽管我国 2016 版抗震规范中规定"跨高比较小的高连梁，可设水平缝形成双连梁"[11]，但由于目前关于双连梁的设计和计算方法还尚未完善，所以目前工程实际应用还比较少。

B　交叉斜筋配筋连梁

1994 年，戴瑞同、孙占国[38]提出了与图 1-11 不同的新型菱形配筋构造方案，如图 1-14 所示，并针对新型菱形配筋连梁做了若干试验；同时还提出了此类连梁的正截面与斜截面承载力计算公式以及主筋配筋率限制条件。

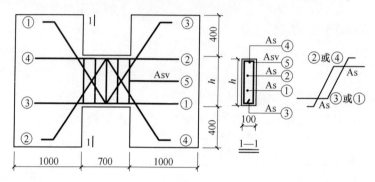

图 1-14　新型菱形配筋连梁构造图

2003 年，重庆大学曹云锋等人[39]结合菱形配筋连梁和斜向交叉配筋连梁的特点，提出了如图 1-15 所示的交叉斜筋配筋连梁，并进行了试验研究。试验结果表明，交叉斜筋配筋连梁的位移延性系数基本可以达到 5.0 以上，具有较好的耗能能力；同时，交叉斜筋配筋连梁配筋构造相对简单，便于施工，且对墙厚没有特殊要求。

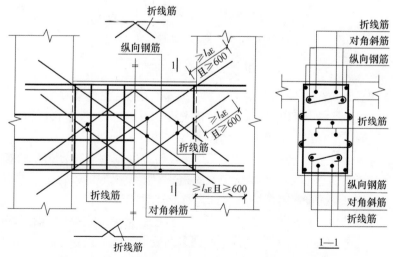

图 1-15　交叉斜筋配筋连梁（代号 LL(JX)）配筋构造

C 外贴钢板式组合耗能连梁

2007 年，滕军、马伯涛等人[40,41]提出了如图 1-16 所示的外贴钢板式组合耗能连梁设计方案。此类连梁设计方案具有概念明确、有效耗能、施工方便、便于维修等特点。

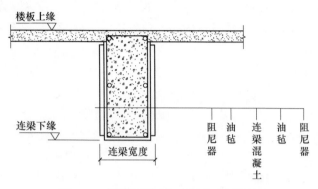

图 1-16　外贴钢板式组合耗能连梁构造

综合分析连梁设计技术国内外研究现状可知，自连梁存在以来，国内外相关学者提出了多种多样的连梁设计方案，每一设计方案都在一定程度上改善了连梁的力学性能。但上述连梁设计方案，除外贴钢板式组合耗能连梁能够实现便于替换、方便维修等功能外，其他连梁设计方案都较难实现连梁破坏或损伤后的快速替换性功能。因此，为更好地提高连梁的耗能能力和破坏后快速恢复能力，国内外研究人员在前人研究的基础上又提出了形式各异的刚度串联式耗能连梁设计方案。

D 阶梯型暗柱配筋连梁

2007 年，梁兴文、刘清山[42]提出了如图 1-17 所示的阶梯型暗柱配筋连梁设计方案，并对跨高比为 1.5 的阶梯型暗柱配筋连梁进行了力学性能试验。试验结果表明阶梯型暗柱配筋连梁具有施工相对简单、综合抗震性能优于普通配筋连梁、耗能能力大等特点。

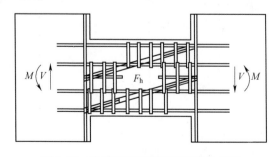

图 1-17　阶梯型暗柱配筋连梁设计方案

1.2.2　刚度串联式耗能连梁

刚度串联式耗能连梁是在结合连梁受力机理与功能设置条件的基础上，将被动控制理论及技术考虑在内，使设计的连梁具有很好的耗能减震效果，并更能体现连梁所担当的抗震设防第一道防线作用的连梁形式。这一连梁设计方案作为钢筋混凝土剪力墙结构消能减振领域内的一项新技术，自提出以来逐渐被多个工程项目采纳和使用。

国内外对钢筋混凝土-软钢阻尼器组合耗能连梁的研究与应用始于 20 世纪 90 年代。

1.2.2.1　国外研究现状

2002 年，日本清水建设株式会社黑濑行信、熊谷仁志以及神奈川大学岛崎和司教授等人通过将型钢混凝土连梁跨中混凝土部分截断并裸露型钢的形式，设计出一种耗能连梁（图 1-18），并针对这一设计方案做了拟静力加载试验，试验表明这种连梁设计方案具有较优越的耗能性能[43,44]。这种耗能连梁设计方案在日本的多个建筑工程实例中得到应用[45]。但由于这种耗能连梁中充当阻尼器的型钢是埋入钢筋混凝土梁端，故这种连梁在破坏后修复和替换较为困难。

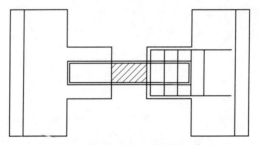

图 1-18　型钢组合耗能连梁构造示意图

2005 年辛辛那提大学 Fortney[46] 提出了可更换"保险丝"连梁的设计思想，即通过在连梁跨中安装腹板厚度经过削弱后的工字钢来充当连梁的"保险丝"，以实现"保险丝"先于连梁屈服且损坏后易于更换的目的。

1.2.2.2　国内研究现状

1992 年，东南大学李爱群[47] 提出了在连梁跨中设置摩阻控制装置的新型剪力墙设计方案（图 1-19），该方案通过在连梁跨中设置预应力摩擦阻尼器，使得新型剪力墙比原结构具有较为优越的抗震性能[48]。

2011 年，中国地震局工程力学研究所郭迅、段称寿在国内首次将钢筋混凝土-软钢阻尼器组合连梁技术应用到我国首个"国家地震安全示范社区"——大连永

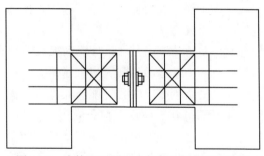

图 1-19 摩擦阻尼器组合耗能连梁构造示意图

嘉·尚品天城项目[49,50]。该项目所使用的软钢阻尼器为弯曲型软钢阻尼器,通过螺栓与钢筋混凝土连梁梁端相连,具有便于维修和替换的特点,如图 1-20 所示。

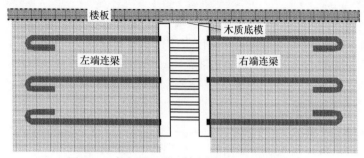

图 1-20 软钢阻尼器组合耗能连梁构造示意图

2012 年,同济大学潘超、翁大根[51]基于等效连续化方法对钢筋混凝土-软钢阻尼器组合耗能连梁的减震机理和力学性能进行了理论分析,并以阻尼器位移延性系数、耦合比、等效阻尼比为设计控制指标,提出了组合耗能连梁的参数设计公式以及阻尼器沿结构竖向分布模式计算方法。

2013 年,中国地震局工程力学研究所毛晨曦、张予斌提出了连梁跨中安装形状记忆合金(SMA)阻尼器的连梁设计方案[52],如图 1-21 所示。该方案采用的 SMA 阻尼器具有很好的自复位性能,且阻尼器刚度相对较小、延性较大,所以该类阻尼器可以有效保护钢筋混凝土连梁梁端不发生破坏;但 SMA 阻尼器造价较高,工程实际应用范围有限。

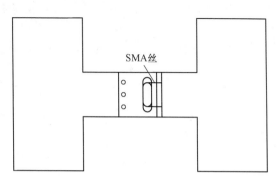

图 1-21 形状记忆合金阻尼器组合耗能连梁

2013 年,大连理工大学欧进萍、李冬晗[53]对钢筋混凝土连梁跨中截断安装软钢阻尼器的设计方案进行了深入的研究，基于减振结构的需求分析，提出了软钢阻尼器的刚度控制原则与设计方法。

2014 年，施唯、王涛、孔子昂等人[54]针对软钢阻尼器组合耗能连梁进行了试验研究，并对软钢阻尼器的力学参数等问题进行了研究。

尽管国内外相关研究人员对刚度串联式耗能连梁进行了大量的研究，且该技术已经在国内外工程实际中都得到了应用，但仍有若干实际问题没有得到解决。目前大多数研究多着重于阻尼器类型的设计（阻尼器类型包括开缝钢板、弯曲性钢板、工字钢、形状记忆合金、摩擦阻尼器等）以及组合耗能连梁构件层次上的设计，而对于减震系统的整体设计尚缺乏必要的研究。因此，有必要对阻尼器在结构空间位置的布置优化问题进行深入的研究。

1.3　研究目标

本书开展相关研究的主要研究目标为研究刚度串联式消能减震连梁设计理论和设计方法，主要包括三大部分内容：

（1）基于震害实例和力学原理，分析钢筋混凝土剪力墙结构连梁的工作原理，并研究基于反应谱理论的刚度串联式耗能连梁工作原理。

（2）基于强震记录拟合出反应谱阻尼效应修正系数，在此基础上研究并提出刚度串联式减震结构减震性能曲线的构造方法，给出刚度串联式减震结构初步设计方法。

（3）研究刚度串联式耗能连梁沿结构空间布置的设计方法，给出包括阻尼器沿结构竖向和水平向布置的设计方法、原则和相关计算公式。

1.4　主要研究内容及技术路线

本书主要针对高层剪力墙结构组合耗能连梁减震效果优化与设计等相关问题进行相关研究，经过认真梳理，其主要研究内容及章节安排如下：

第 1 章为绪论。本章主要针对本书的选题背景、研究现状、选题意义和技术路线等问题进行论述。

第 2 章为钢筋混凝土剪力墙结构连梁工作原理。本章主要根据震害实例和力学原理解释联肢剪力墙中钢筋混凝土连梁的工作原理、内力分布规律、连梁与墙肢的耦合效应、阻尼器分类，以及刚度串联式耗能连梁工作机理。

第 3 章为基于反应谱理论的减震系统工作原理剖析。本章主要介绍了反应谱理论，并基于反应谱理论分析了不同刚度组合分类对应的减震结构工作机理及减震效应。在反应谱理论的基础上基于强震记录拟合出考虑阻尼比、特征周期等因素的阻尼效应修正系数计算公式。

第 4 章为刚度串联式结构减震性能曲线及减震设计方法研究。主要在第 2

章、第 3 章研究内容的基础上，提出了刚度串联式减震结构性能曲线的基本原理、建立方法并给出了不同特征周期所对应的刚度串联式减震结构减震性能曲线；同时本章还给出了基于减震性能曲线的减震结构设计方法。

第 5 章为结构竖向阻尼器布置方法研究。本章首先提出了耗能阻尼器沿结构竖向布置的设计原则，然后在减震性能曲线的减震结构设计结果的基础上，考虑钢筋混凝土剪力墙结构的力学性能，推导并建立了阻尼器沿结构竖向布置的设计计算公式。

第 6 章为结构水平向阻尼器布置方法研究。本章在第 5 章研究内容的基础上，首先研究并给出了阻尼器沿结构水平向布置的设计原则，然后综合考虑连梁的力学性能和钢筋混凝土剪力墙结构概念设计原则，推导并建立了阻尼器沿结构水平向布置的设计计算公式。

第 7 章为刚度串联式减震结构设计实例。本章首先总结并梳理了刚度串联式减震结构的具体设计方法和设计步骤；然后选择一栋典型的钢筋混凝土剪力墙结构，运用本书所研究的设计方法对所选结构进行减震结构设计；最后对设计出的减震结构进行弹塑性时程分析，对比研究了本书确定的减震结构设计方法的科学性和可靠性。

具体研究技术路线如图 1-22 所示。

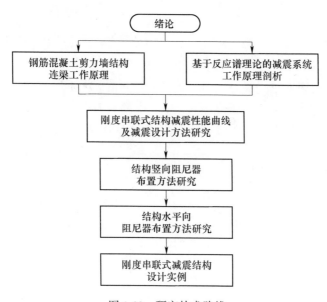

图 1-22 研究技术路线

2 钢筋混凝土剪力墙结构连梁工作原理

2.1 引言

钢筋混凝土剪力墙结构是工业与民用建筑中常见的结构形式之一，其中双肢剪力墙结构是剪力墙结构诸多分类中力学性能较为优越的类型之一。连梁作为双肢剪力墙结构中的重要构件，起到向两侧墙肢传递的剪力、协同墙肢实现结构整体的延性性能、担当抗震设防第一道防线等重要作用。为充分认识研究对象——钢筋混凝土连梁，同时为给后续章节提供必要的知识储备和理论支持，应首先理清连梁的基本概念、连梁的力学特征以及连梁对于双肢剪力墙结构的重要性。

本章首先对剪力墙结构的分类、连梁的定义等基本知识进行介绍，然后分析钢筋混凝土连梁的力学特点、破坏特征以及变形计算公式，最后详细分析了耦合比对双肢剪力墙结构延性系数影响的重要性。

2.2 钢筋混凝土剪力墙结构分类

钢筋混凝土剪力墙结构（以下简称剪力墙结构），是指由钢筋混凝土剪力墙为主要构件组成的承受竖向和水平作用的建筑结构[12]。

剪力墙结构中的每一榀剪力墙按照墙上开洞情况的不同可分为整体墙、小开口整体墙、双肢剪力墙、联肢剪力墙、壁式框架剪力墙、框支剪力墙、开有不规则大洞口剪力墙、带小墙肢的剪力墙等[55,56]，如图 2-1 所示。

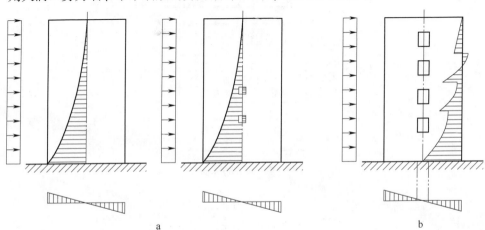

a   b

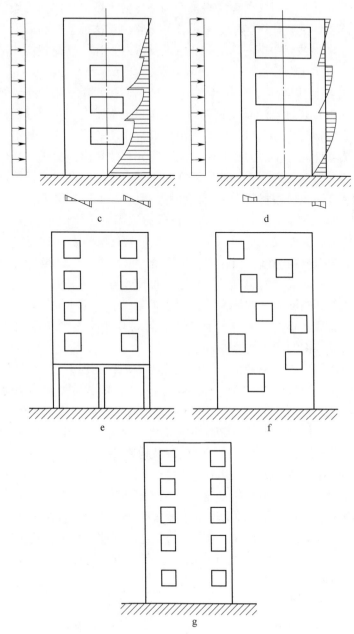

图 2-1　各类剪力墙示意图及其受力特点

a—整体墙；b—小开口整体墙；c—联肢剪力墙（双肢）；d—壁式框架；

e—框支剪力墙；f—开有不规则大洞口剪力墙；g—带小墙肢的剪力墙

（1）整体剪力墙。当剪力墙墙身不开洞，或只有局部弯矩影响很小的洞口存在，但洞口的面积不超过墙体面积的 15%，且洞口至墙边的净距及洞口之间的净距大于洞孔长边尺寸时，剪力墙可被称为整体剪力墙。整体剪力墙的变形特点为弯曲型变形，因此整体墙实质上可视作悬臂墙，且这种悬臂墙截面变形符合平截面假定，墙体横截面弯矩图既不突变也无反弯点。在往复荷载作用下，整体剪力墙易在墙脚处出现塑性铰。

（2）小开口整体墙。当剪力墙墙身所开洞口尺寸稍大，或者当剪力墙上所开洞口面积稍大且超过墙体面积的15%，但洞口处局部弯矩不超过整体弯矩15%时，这类剪力墙被称为小开口整体墙。小开口整体墙的截面变形基本符合平截面假定，剪力墙截面上的正应力分布略偏离直线分布的规律，变成相当于在整体墙弯曲时的直线分布应力之上叠加墙肢局部弯曲应力，其截面变形仍接近于整体剪力墙，内力和变形仍可按材料力学公式计算，但应加以适当修正。

（3）双肢剪力墙和联肢剪力墙。当在剪力墙墙身上沿高度方向开设一排尺寸较大、竖向成列的洞口，形成两片剪力墙墙肢通过洞口上部的连梁连接的构件系统时，可称为双肢剪力墙；当在剪力墙墙身上沿高度方向开设两排以及两排以上的尺寸较大、竖向成列的洞口时，可称为联肢剪力墙。双肢墙被认为是抗震结构的最好形式，其刚度大、构造简单，优于框架结构。双肢墙比悬臂剪力墙好，因为悬臂剪力墙只在墙脚处产生塑性变形，而双肢墙的连梁均可能产生塑性变形，大大提高了结构的塑性耗能能力。

（4）壁式框架。对于双肢剪力墙或联肢剪力墙，当所开设的洞口宽度很大，所开洞口的面积约为整个剪力墙面积的40%~80%，墙肢宽度与连梁跨度之比小于0.2，连梁高度与楼层层高之比也小于0.2，造成连梁刚度很大、墙肢刚度较弱时，被称为壁式框架。壁式框架实质是介于剪力墙和框架之间的一种过渡形式，它的变形已很接近剪切型，几乎每层墙肢均有一个反弯点，只不过壁柱和壁梁都较宽，因而在梁柱交接区形成不产生变形的刚域。

（5）框支剪力墙。为使建筑底部一层或几层拥有较大的开间或进深，结构设计时有可能在结构的局部让剪力墙不落地，即部分剪力墙直接放置在下层的框架梁上，然后框架梁再将剪力墙传递来的荷载施加到框架柱上，这种不落地而直接落在框架梁上的剪力墙叫做框支剪力墙。虽然框支剪力墙可以为结构底层提供较大的空间，但框支剪力墙的存在易引起结构侧移刚度突变，因此设计时应该在刚度突变处添加转换层。

（6）开有不规则大洞口的剪力墙。当建筑因为使用功能的要求，需要在墙身上布置一些沿墙身高度方向不成列或洞口尺寸不统一的上下不对齐的洞口时，这类剪力墙被称为开有不规则大洞口的剪力墙，也可被称为错洞剪力墙。因为存在刚度不均匀分布的现象，故错洞剪力墙在相关设计规范中被严格限制使用。我国高规规定，抗震设计时，对于一~三级剪力墙底部加强部位不宜采用错洞剪力墙，全高均不宜采用洞口局部重叠的叠合错洞剪力墙[12]。

（7）带小墙肢的剪力墙。当剪力墙的墙肢长度不大于墙厚的 3 倍时，这类剪力墙可称为小墙肢。结构设计时，某些剪力墙由于开洞位置的限制导致一片或多片墙肢为小墙肢，从而存在如图 2-1g 所示带小墙肢的剪力墙的情况。对于带小墙肢的剪力墙，由于小墙肢基本上属于剪切型变形构件，而正常剪力墙墙肢属于弯曲型变形构件，从而导致结构设计时为保证不同类型墙肢工作的协调性而对中间的连梁采取特殊的措施。

2.3　连梁

2.3.1　钢筋混凝土连梁力学特性

钢筋混凝土梁示意图如图 2-2 所示。

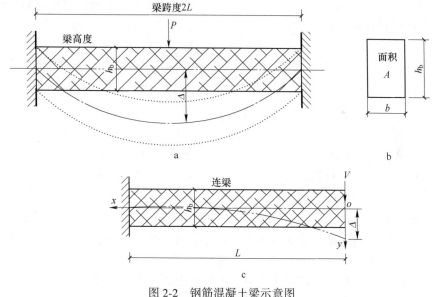

图 2-2　钢筋混凝土梁示意图

a—钢筋混凝土梁示意图；b—梁横截面示意图；c—半跨梁内力与变形示意图

在外力作用下，图 2-2 所示的钢筋混凝土梁跨中位移计算公式[57,58]为：

$$\Delta = \sum \int \frac{\overline{F_N} F_{NP}}{EA} \mathrm{d}A + \sum \int \frac{\overline{M} M_P}{EI} \mathrm{d}s + \sum \int \frac{k \overline{F_Q} F_{QP}}{GA} \mathrm{d}s \qquad (2\text{-}1)$$

式（2-1）中等式右边第一部分代表轴力引起的变形，第二部分代表弯矩引起的变形，第三部分代表剪力引起的变形。对于钢筋混凝土梁来说，一般情况下可以忽略因轴力引起的变形。根据材料力学相关公式，可分别求得由弯曲内力和剪切内力引起的变形，Δ_M 与 Δ_V 计算公式分别为：

$$\begin{cases} \Delta_M = \dfrac{VL^3}{3EI_b} \\[3mm] \Delta_V = \dfrac{kVL}{GA} \end{cases} \tag{2-2}$$

式中，E 为弹性模量；$G = \dfrac{E}{2(1+\mu)}$ 为剪切模量；k 为矩形截面系数；$I_b = \dfrac{bh_b^3}{12}$ 为截面惯性矩；$A = bh_b$ 为梁横截面面积。

一般情况下，$k = 1.2$，泊松比 $\mu = 0.2 \sim 0.3$，$G = 0.4E$。将上述参数代入式（2-2）可得：

$$\Delta_M = \frac{4VL^3}{Ebh_b^3}, \quad \Delta_V = \frac{3VL}{Ebh_b}, \quad \frac{\Delta_V}{\Delta_M} = \frac{3h_b^2}{4L^2} \tag{2-3}$$

引入参数跨高比 $\lambda = 2L/h_b$，并将式（2-2）代入式（2-1），可得钢筋混凝土梁的跨中位移计算公式为：

$$\Delta = \Delta_V + \Delta_M = \Delta_M \left(1 + \frac{3h_b^2}{4L^2}\right) = \frac{VL^3}{3EI_b}\left(1 + \frac{3}{\lambda^2}\right) \tag{2-4}$$

令：

$$\chi = \frac{\Delta_V}{\Delta} = \frac{3}{\lambda^2 + 3} \tag{2-5}$$

由式（2-5）可知，当跨高比小于 5 时，剪切内力引起的跨中位移将占总位移的 10.7%。因此，在设计过程中，对于跨高比小于等于 5 的钢筋混凝土梁，不可忽略剪切内力引起的位移。

因此，钢筋混凝土梁按照跨高比的不同，可分为钢筋混凝土连梁和钢筋混凝土框架梁两种。跨高比小于等于 5 且梁端与钢筋混凝土剪力墙相连的钢筋混凝土梁称为连梁。

之所以根据跨高比的不同来区分连梁和框架梁，主要原因是跨高比是影响钢筋混凝土梁内力和变形的一个重要因素。

2.3.2　连梁的受力特点剖析

根据 2.3.1 节相关知识和公式可知，侧向荷载作用下连梁在弯剪复合作用下的内力示意图如图 2-3 所示。

在循环荷载作用下，剪力墙滞回半圈的情况下连梁横截面所受的弯矩可能要产生若干周次的变化[59]，这种变化主要是由钢筋混凝土剪力墙结构的第二阶和第三阶振型引起。因此，在地震动作用下连梁遭受的剪切作用的循环次数将明显多于两端墙肢所遭受的剪切作用循环次数。

由于连梁的特殊受力形式，在强烈地震动作用下常发生两种破坏形式：一种

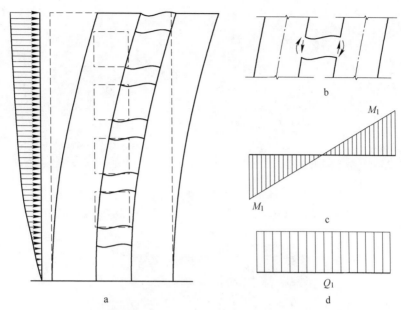

图 2-3 双肢剪力墙结构在侧向荷载作用下连梁内力示意图

a—结构总体变形图；b—连梁受力模式；c—连梁弯矩内力图；d—连梁剪切内力图

为梁腹斜拉破坏，另一种为梁端剪切滑移破坏。无论是梁腹斜拉破坏还是梁端剪切滑移破坏，二者都属于剪切破坏，且为典型的脆性破坏类型。图 2-4 所示为连梁两种破坏形式示意图。

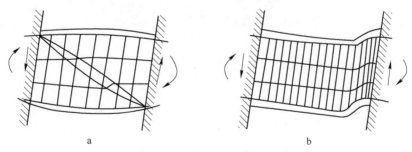

图 2-4 连梁的两种地震破坏类型

a—梁腹斜拉破坏；b—梁端剪切滑移破坏

国内外历次强烈地震中，对应于两种典型破坏类型，均有大量的连梁震害案例。图 2-5、图 2-6 所示为典型的连梁震害实例照片。

上述震害现象与连梁的特殊受力状态有关。根据前文内容可知，连梁在往复荷载作用下受弯剪复合作用。但综合分析连梁震害现象可知，连梁中由弯矩产生的竖向裂缝窄且少，而由梁内剪切应力产生的斜向剪切裂缝宽且多。这是由于连梁在受力初期横截面内存在中性轴，即连梁横截面上下纵筋既不同时受压也不同

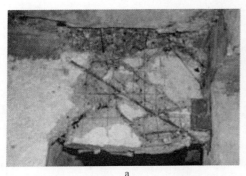

a　　　　　　　　　　　　　　　　b

图 2-5　1988 年 12 月 7 日 Spitak 地震中某框架剪力墙结构连梁破坏（Ⅸ度区）[60,61]

a—连梁梁腹斜拉破坏（左端墙肢，右端框架柱）；b—连梁梁腹斜拉破坏

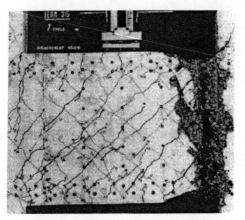

图 2-6　连梁梁端剪切滑移破坏[62]

时受拉，梁截面应力状态基本呈现典型的弯曲应力变化情况。但随着连梁遭受的剪切作用循环次数的增加，连梁的最大抗弯强度仅能达到理论值的 85% 左右[63]，所以因弯曲变形引起的梁截面破坏的现象很少发生，但因剪切作用导致梁截面破坏的可能性大大增加。产生这种现象的主要原因为，随着外部往复荷载循环次数的增加，会出现连梁横截面上下纵筋在连梁总跨度范围内都受拉，即没有受压钢筋存在，此时就会造成梁腹内部分压应力和剪切应力增加，梁截面的应力状态不再符合钢筋混凝土经典弯曲变形的情况。

对于如图 2-5 所示的梁腹斜拉破坏，一般是由于连梁横截面箍筋配置量偏少引起构件斜截面抗剪承载力不足所致。而对于如图 2-6 所示的梁端剪切滑移破坏，是由于梁端横截面所受弯矩最大且连梁上下纵筋都受拉导致梁端竖向裂缝上下贯通。此外，梁端钢筋与混凝土之间的最大黏结力小于钢筋所受拉力也是导致梁端竖向贯通裂缝产生的原因之一。

但是，结构设计过程中为避免连梁发生梁腹斜拉破坏而采取的措施不应只是考虑增加梁截面配箍率。因为在按照纯弯曲构件的方式配置连梁箍筋的前提下，配箍率达到一定程度时连梁的斜截面抗剪承载力提高空间有限；并且，采用较高的配箍率也难以避免连梁梁端发生剪切滑移破坏。

2.3.3 连梁剪切内力沿结构竖向分布规律

基于钢筋混凝土剪力墙结构震害现象得知，结构 1/3 高度处的连梁在强烈地震动作用下破坏较为明显。图 2-7 所示为 1964 年 3 月 28 日美国阿拉斯加地震中位于安克拉治市（Anchorage）1200 L 大街的一栋 14 层的钢筋混凝土剪力墙结构震害现象。该结构建于 1952 年，初始用途为公寓，故被称为 The 1200 L Apartment Building。在阿拉斯加地震中该结构第 3~11 层的连梁发生了明显的剪切破坏，其中结构宽度方向上两侧外墙上近 1/3 的连梁均发生破坏[64]。

这种震害现象与剪力墙结构高度方向上连梁剪切内力的分布规律有着密切关系。

下面以双肢剪力墙为例，分析沿结构高度方向连梁横截面剪切内力分布规律。对于如图 2-8 所示钢筋混凝土剪力墙结构，可根据结构力学中的力法求取连梁内力分布情况。

在使用力法计算连梁内力之前，必须使计算构件体系简化的力学模型遵循如下三点假设：

（1）假设各楼层连梁剪切应力与轴力作用于墙肢后不引起墙肢局部变形不协调，即墙肢各横截面的弯曲曲率相同或近似相等。

（2）连梁轴向应力引起的连梁轴向变形可忽略不计，即假设双肢剪力墙中各墙肢在侧向荷载作用下水平位移相同；同时还忽略墙肢和连梁自重对墙肢轴向变形的影响。

（3）各墙肢与连梁的横截面尺寸、连梁净跨度 $2L$、墙肢中轴线之间距离 D、各构件弹性模量 E 均不沿结构高度方向上位置的变化而变化。

在建立力法方程之前，首先将图 2-8a 所示的双肢剪力墙连梁跨中截断，得如图 2-8b 所示的双肢剪力墙力法方程建立所需的基本体系。根据上述假定条件（1）以及图 2-3c 所示弯矩图可知，连梁跨中截断后只有剪切内力 $V(x)$ 对墙肢的变形起影响作用。

对于如图 2-8b 所示的基本体系，在侧向荷载 $q(x)$ 和连梁剪力 $V(x)$ 共同作用下，连梁跨中截断处沿 $V(x)$ 方向的位移 Δ 由 3 部分组成，分别为由墙肢弯曲与剪切变形产生的连梁跨中截断处位移 Δ_1、由墙肢轴向变形引起的连梁跨中截断处位移 Δ_2、由连梁本身弯曲和剪切变形引起的连梁跨中截断处位移 Δ_3。

$$\Delta(x) = -\Delta_1 + \Delta_2 + 2\Delta_3 = 0 \tag{2-6}$$

a　　　　　　　　　　　　　　　　　b

c

图 2-7　连梁沿结构竖向分布的震害

a—结构竖向连梁破坏[65]；b—破坏近景[66]；c—局部连梁剪切裂缝[65]

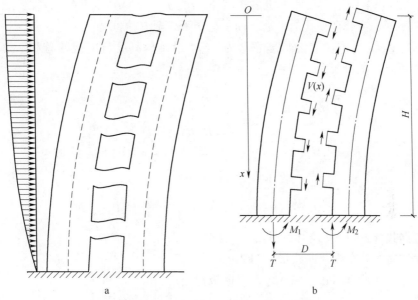

图 2-8　双肢剪力墙侧向力作用下受力状态示意图
a—侧向荷载作用下变形图；b—变形内力示意图

其中 Δ_1 的推导过程可见式（6-3）；Δ_3 的推导过程可见式（2-4）。

根据本节提出的假设条件（2），并基于材料力学相关公式，可得 Δ_2 的计算公式为：

$$\Delta_2 = \int_x^H \frac{T}{EA_1}\mathrm{d}x + \int_x^H \frac{T}{EA_2}\mathrm{d}x = (H - x)\,\frac{T}{E}\left(\frac{1}{A_1} + \frac{1}{A_2}\right) \tag{2-7}$$

式中，E 为弹性模量；A_1、A_2 分别为左右墙肢的横截面面积；H 为结构总高度；x 为连梁距结构屋顶的垂直距离；T 为所有连梁剪切内力的总和。

其中 E、A_1、A_2 应遵循假设条件（1）。

$$\begin{cases} \Delta_1 = \dfrac{M(H)H^2}{EI_{\mathrm{w}}}\left(1 - \dfrac{x}{H}\right)^2 \\[3mm] \Delta_3 = \dfrac{2VL^3}{3EI_{\mathrm{b}}}\left(1 + \dfrac{3}{\lambda^2}\right) \end{cases} \tag{2-8}$$

式中，I_{b}、I_{w}、L、λ 分别为连梁截面惯性矩、墙肢截面惯性矩、连梁净跨度的一半、连梁跨高比。

将式（2-7）与式（2-8）带入式（2-6）并化简，可得连梁跨中剪力计算公式为：

$$V(x) = \frac{3\lambda^2 I_{\mathrm{b}}}{4L^3(\lambda^2 + 3)}\left[\frac{M(H)\cdot H^2}{I_{\mathrm{w}}}\left(1 - \frac{x}{H}\right)^2 - \left(1 - \frac{x}{H}\right)HT\left(\frac{1}{A_1} + \frac{1}{A_2}\right)\right] \tag{2-9}$$

式中，在 $q(x)$ 和结构尺寸一定的情况下，I_b、L、λ、$M(H)$、I_w、H、A_1、A_2 可看做是不随 x 变化而变化的常数，而 x 是介于 0 至 H 之间的一个正实数。

式（2-9）中参数 T 的物理意义为 $V(x)$ 沿结构高度方向上的总和。根据式（2-9）可得 T 的计算公式为：

$$
\begin{aligned}
T &= \int_0^H V(x)\,\mathrm{d}x \\
&= \left[\frac{3\lambda^2 I_b}{4L^3(\lambda^2+3)}\right]\left[\frac{M(H)H^2}{3I_w} - \frac{HT}{2}\left(\frac{1}{A_1}+\frac{1}{A_2}\right)\right] \\
&= \frac{2\lambda^2 I_b M(H)H^2}{\left[8L^3(\lambda^2+3) + 3\lambda^2 I_b H\left(\frac{1}{A_1}+\frac{1}{A_2}\right)\right]I_w}
\end{aligned}
\tag{2-10}
$$

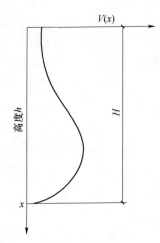

图 2-9　连梁剪力沿结构高度方向
分布规律示意图

根据式（2-9）及式（2-10），可得 $V(x)$ 沿结构高度方向的分布规律曲线示意图 2-9。

结合式（2-9）与式（2-10），根据极值定理可求得 $V(x)$ 最大时所对应的 $\dfrac{x}{H}$ 极小值为：

$$
\begin{aligned}
\left.\frac{x}{H}\right|_{\text{极小值}} &= 1 - T\left(\frac{1}{A_1}+\frac{1}{A_2}\right)\frac{I_w}{2M(H)H} \\
&= 1 - \frac{2\lambda^2 I_b H\left(\frac{1}{A_1}+\frac{1}{A_2}\right)}{2L^3(\lambda^2+3) + 3\lambda^2 I_b H\left(\frac{1}{A_1}+\frac{1}{A_2}\right)} \\
&= \frac{2L^3(\lambda^2+3) + \lambda^2 I_b H\left(\frac{1}{A_1}+\frac{1}{A_2}\right)}{2L^3(\lambda^2+3) + 3\lambda^2 I_b H\left(\frac{1}{A_1}+\frac{1}{A_2}\right)} \\
&= \frac{1+f(H)}{1+3f(H)}
\end{aligned}
\tag{2-11}
$$

在式（2-11）中，$f(H)$ 为与结构总高度有关的函数，其计算公式为：

$$
f(H) = \frac{b_b h_b^3 H\left(\frac{1}{A_1}+\frac{1}{A_2}\right)}{6L(4L^2+3h_b^2)} = \frac{b_b H\left(\frac{1}{A_1}+\frac{1}{A_2}\right)}{3\lambda(\lambda^2+3)}
\tag{2-12}
$$

式（2-12）中各参数可进行如下化简：根据 JGJ 3—2010《高层建筑混凝土结构技术规程》[12] 条文 7.1.2 规定每层各墙肢高度与长度之比不宜小于 3，而结构标准层层高一般在 3m 左右，故图 2-8b 中两片墙肢长度 W_1、W_2 均约等于 1m，并且一般情况下墙肢宽度与连梁宽度相同，故可认为 $b_b\left(\dfrac{1}{A_1}+\dfrac{1}{A_2}\right)=\dfrac{1}{W_1}+\dfrac{1}{W_2}\approx 2$。实际工程中连梁跨高比 λ 为 1~4，因此，式（2-12）可变换为：

$$f(H)\approx\frac{2H}{3\lambda(\lambda^2+3)}\approx\frac{H}{6}\sim\frac{H}{114} \tag{2-13}$$

由式（2-13）可知，当连梁跨高比很小时，会导致 $f(H)\gg 1$ 的情况出现，此时根据高等数学洛比塔法则可以确定式（2-11）计算结果大约为 1/3。而当连梁跨高比偏大时，式（2-11）的计算结果在 1/3~1 之间变化。

工程实际中发生破坏的连梁其跨高比一般偏小，因此就会出现在结构总高度 1/3 位置处连梁所受剪力较大，进而造成该区域范围内连梁破坏现象较为明显，这与实际震害现象基本相符。

2.4 双肢剪力墙的耦合效应

双肢剪力墙是剪力墙结构在工程实际中采用最多的构件形式之一。从力学性能和破坏机理上来说，双肢剪力墙乃至联肢剪力墙是对整体剪力墙的相关功能进行一定优化的结果。

从图 2-10 中可以看出，整体剪力墙在侧向荷载作用下，在纵向中轴线处横截面弯矩为零，但横截面剪切应力最大。因此，在整体剪力墙的纵向中轴线附近，可以采取以连梁代替墙肢的措施，将整体剪力墙转化为双肢剪力墙或联肢剪力墙，来提高结构构件的有效截面利用率和优化结构构件的力学性能及耗能能力，使墙肢的抗弯强度能够得到充分的发挥。

并且，双肢剪力墙中连梁担当了整个构件体系中的抗震设防第一道防线，可实现剪力墙墙片与连梁协同有效地耗散水平荷载作用的设计目的。这正是双肢剪力墙性能优于整体剪力墙的力学原理。

对于通过两片墙肢和一列连梁组成的构件体系协同承担外力水平作用的双肢剪力墙来说，剪力墙墙肢与连梁的耦合作用直接影响了整个构件体系在往复荷载作用下的耗能能力和破坏机理。

如图 2-8 所示的双肢剪力墙构件体系，在忽略重力作用的影响下，墙肢底部总弯矩为：

$$M_{\text{total}}=M_1+M_2+TD \tag{2-14}$$

式中，M_1 和 M_2 分别为在弯曲变形的条件下两片墙肢底部产生的抗倾覆弯矩；T 为各连梁跨中剪力累加后所得的墙肢等效轴力；D 为两片墙肢中轴线的距离。

为衡量双肢剪力墙中连梁和墙肢在整个构件体系中各自分担的内力大小，故

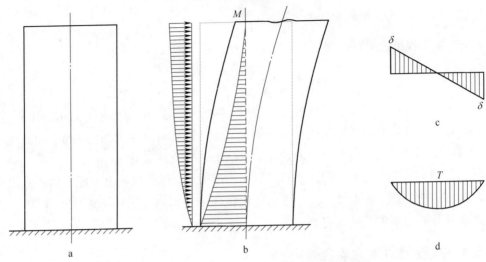

图 2-10　整体剪力墙侧向力作用下变形及内力图

a—整体剪力墙；b—水平力作用下侧向变形及弯矩图；

c—横截面正应力；d—横截面剪切应力

定义参数"耦合比"。耦合比的计算公式为：

$$C = \frac{TD}{M_1 + M_2 + TD} \tag{2-15}$$

　　耦合比综合考虑了结构构件因素和外部荷载因素对结构构件体系力学性能的影响，直接反映了外部荷载作用下连梁对墙肢的约束程度[67]。结构设计时宜采用较为合理耦合比，过大或过小的耦合比都会导致较差的结构性能[51]。当耦合比较小时，在外部荷载作用下连梁易于在较小剪应力水平下发生屈服或破坏，墙肢之间协同工作能力较低，每片墙肢形同单个悬臂墙受理机理，致使结构体系整体延性系数保持在较低水平；当耦合比较大时，连梁设计强度较高，在外部荷载作用下连梁因承担的剪力过大而起不到抗震设防第一防线的作用，墙肢易先于连梁发生破坏。

　　对于耦合比的合理取值范围，应根据结构整体的延性系数、连梁以及墙肢的延性系数等参数综合确定。

2.5　建筑用阻尼器分类

　　建筑结构消能减震设计常用的阻尼器主要有三大类，即位移相关型阻尼器、速度相关型阻尼器、调谐吸振型阻尼器[68,69]。上述三大类阻尼器构造不同，消能减震机理也各不相同。此外，上述三大类阻尼器根据使用材料的不同也可分为不同的种类。阻尼器的分类体系图如图 2-11 所示。

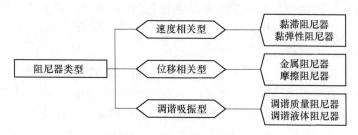

图 2-11　建筑用阻尼器分类

速度相关型阻尼器实现消能减震的机理是通过阻尼器材料产生的黏滞阻尼效应达到耗能减震效果[70]。因为黏滞阻尼力与阻尼器的相对速度有关，所以称为速度相关型阻尼器。根据产生黏滞阻尼材料的不同，速度相关型阻尼器主要可分为黏滞阻尼器、黏弹性阻尼器两大类。

位移相关型阻尼器实现消能减震的机理是通过阻尼器材料的滞回耗能效果实现消能减震目的。由于滞回耗能过程中位移相关型阻尼器发生塑性变形或产生摩擦力并得到滞回曲线，且滞回曲线包围的面积即可代表位移相关型阻尼器所消耗的能量，所以将依靠阻尼器滞回特性来消耗结构振动能量的阻尼器称为位移相关型阻尼器。等效阻尼比是衡量位移相关型阻尼器耗能能力的大小重要指标之一。位移相关型阻尼器又可分为金属阻尼器和摩擦阻尼器，金属阻尼器以塑性变形来实现耗能，摩擦阻尼器以摩擦力来实现耗能。

调谐吸振型阻尼器通过在结构上附加吸振装置吸收并耗散主结构中与吸振装置同频率的振动能量，从而达到减小主体结构地震反应的目的[71]。其中"调谐"的含义就是附加吸振装置的自振周期与主体结构主振型对应的自振周期基本接近，从而使得主体结构受到地震动激励时会引起附加吸振装置发生共振，并最终使得附加吸振装置中的耗能装置工作，耗散结构振动能量。调谐吸振型阻尼器根据附加吸振装置的不同可分为调谐质量阻尼器和调谐液体阻尼器。调谐质量阻尼器中的附加吸振装置主要由具有较大质量的刚体振子、具有一定刚度的弹簧或阻尼器组成；调谐液体阻尼器中的附加吸振装置主要由水箱组成，调谐液体阻尼器可通过调节水箱的尺寸来调节附加吸振装置的自振频率。

2.6　刚度串联式耗能连梁结构工作机理

根据前文相关内容可知，钢筋混凝土剪力墙结构中连梁在外部荷载作用下跨中位移最大，且相比于墙肢来说，在往复荷载作用下连梁的位移反应变化较为复杂。在墙肢与连梁的相互作用过程中，连梁是作为屈服耗能构件来设计的，即在小震作用下使墙肢和连梁变形协调且都不发生屈服和破坏，而在强烈地震动作用下保证连梁先于墙肢发生破坏。这种协调工作模式要求连梁应既具有一定的强度，又具有较高的延性。尽管按照传统的设计方法可以使连梁实现上述功能，但实践证明，在强烈地震动作用下连梁发生破坏后同样会对结构的正常使用以及震后修复带来很大的困难。

因此，为兼顾结构的地震反应与震后修复费用，结构设计过程中必须以提高连梁的耗能能力为解决问题的主要途径。组合耗能连梁正是将消能减震技术与连梁实际工作条件相结合并以提高连梁的耗能能力为目标的设计技术。

根据前文所述的剪力墙结构相关知识可知，在侧向水平荷载作用下联肢剪力墙结构主要以弯曲型变形为主，如图 2-3a 所示。在弯曲型变形形态下，连梁受弯剪复合作用，其中连梁所受弯矩呈反对称状态，且连梁跨中弯矩为零，而剪力沿连梁长度方向均匀分布。连梁在侧向水平荷载作用下的变形示意图、弯矩以及剪力内力图分别如图 2-3b ~ 图 2-3d 所示。此外，在外部荷载作用下连梁跨中位移相对较大。且对于联肢剪力墙来说，剪力墙滞回半圈时连梁横截面所受弯矩可能要产生若干周次的变化。因此连梁构件设计时可以将弯矩相对较小、变形相对较大的跨中区域截断并安装具有较大耗能能力和延性系数的阻尼器，最终组成与普通连梁相比具有优越的消能减震能力、低廉的震后修复费用、较高的抗震设计性能的刚度串联式耗能连梁结构。刚度串联式耗能连梁结构工作示意图如图 2-12 所示。

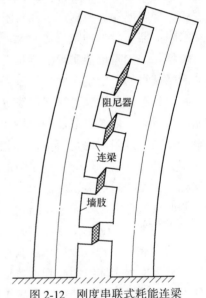

图 2-12　刚度串联式耗能连梁
结构工作示意图

此外，对于钢筋混凝土剪力墙结构来说，钢筋混凝土连梁、钢筋混凝土框架梁以及钢筋混凝土楼板可认为是水平向传力构件，而钢筋混凝土剪力墙、钢筋混凝土柱以及填充墙等构件可认为是竖向传力构件。

（1）当考虑横向传力构件高度对结构各层总侧移刚度的影响时，可以假定结构各层总侧移刚度的倒数等于横向传力构件侧移刚度的倒数加上竖向传力构件侧移刚度的倒数。

（2）一般情况下横向传力构件在结构各层层高内所占高度有限，可以假设横向传力构件的侧移刚度无穷大，而当假设梁和楼板等横向传力构件的侧移刚度无穷大时，结构各层的侧移刚度约等于层内所有竖向传力构件侧移刚度之和。

（3）而对于钢筋混凝土剪力墙结构来说，横向传力构件的高度相对较大，当横向传力构件侧移刚度变弱时，结构各层侧移刚度会稍有降低。

根据上述三点，可以假定钢筋混凝土剪力墙结构中横向传力构件和竖向传力构件侧移刚度之间符合刚度串联的组合模式。

此外，根据连梁内力分布与变形特征易知，刚度串联式耗能连梁结构连梁跨中布置的阻尼器应采用位移相关型阻尼器。主要原因有两点：

（1）钢筋混凝土剪力墙结构在水平荷载作用下，连梁的位移反应无论是在最大位移幅度上还是在最大位移出现频度上都很明显，因此采用以相对位移来实现阻尼器耗能性能的位移相关型阻尼器最为合适。

（2）钢筋混凝土剪力墙结构中连梁尺寸有限，预留给的阻尼器的安装空间相对较小，再加上大部分速度相关型阻尼器和调谐吸震型阻尼器尺寸较大，因此设计时不宜采用速度相关型阻尼器和调谐吸震型阻尼器。此外，由于位移相关型阻尼器的防屈曲支撑布置时也需要较大的作用空间，故防屈曲支撑也不适用于刚度串联式耗能连梁。

本书的主要工作就是研究考虑空间位置刚度串联式耗能连梁消能减震效果优化设计的关键技术。

3 基于反应谱理论的减震系统工作原理分析

3.1 引言

反应谱理论是密切联系工程地震学与结构动力学的重要纽带之一，同时也是进行建筑结构抗震设计和建筑结构地震反应分析的常用方法。目前世界范围内大多数国家的建筑结构抗震设计规范均以设计反应谱及其相关理论作为建筑结构弹性阶段地震作用（即地震动在结构上所引起的惯性力）计算和分配的主要方法。我国自 1964 年《地震区建筑设计规范（草案）》开始至 2016 年《建筑抗震设计规范 GB 50011—2010（2016 年版）》，一直将反应谱法作为建筑结构地震作用确定和抗震验算的主要手段。

消能减震技术是可以减轻建筑结构地震反应的有效措施之一。而消能减震技术能够实现降低结构地震反应的根本原因是减震结构上附加的消能减震装置可对原结构的自振周期和阻尼比产生影响。进一步来说，消能减震装置会改变原结构的刚度或质量，进而使原结构的自振周期发生变化，并且消能减震装置的附加阻尼比与原结构初始阻尼比叠加后直接导致减震结构阻尼比大于原结构阻尼比。鉴于采用反应谱法，可以在已知单自由度结构体系的基本周期、阻尼比两个基本参数的前提下快速计算单自由度结构体系弹性阶段的地震反应，因此，本章基于反应谱理论，对消能减震结构的工作原理进行剖析和解释。

3.2 反应谱理论

1932 年美国工程师 J. R. Freeman 主持研制成功世界上第一台模拟式强震加速度记录仪；该记录仪在 1933 年 3 月 10 日美国加利福尼亚长滩地区发生 6.3 级地震发生后首次记录到了地震动加速度时程。

1933 年，美国学者 M. Biot[72] 利用搜集的地震加速度时程计算出不考虑阻尼比的不同自振周期单自由度动力学系统对应的地震反应最大值，得到了地震反应谱曲线。之后随着强震加速度记录的不断积累，研究人员开始对地震反应谱进行大量的统计分析工作。

1941 年 M. Biot 利用机械式扭摆仪对单自由度动力体系在地震动作用下的运动方程进行了积分并得到了考虑阻尼效应的地震反应谱[72~74]。1953 年左右美国学者 G. W. Housner 开始利用电路模拟法计算考虑了阻尼效应的地震反应谱；在 G. W. Housner 的推动下美国加州建筑设计规范中于 1952 年首次在全世界范围内采用反应谱法进行地震作用的计算。之后反应谱法开始在全世界范围内进行普及和应用。

经过不断的研究与发展，在弹性反应谱的基础上，设计反应谱、弹塑性反应谱以及弹塑性反应谱等效线性化方法等概念和理论先后被提出。

3.2.1 弹性反应谱

对于如图 3-1a 所示的单自由度体系，其质量为 M，刚度为 K，黏滞阻尼系数为 C，圆频率为 ω。假设图 3-1a 中的单自由度振子底部受单向地震动作用激励发生水平方向的相对运动，这一过程可简化为如图 3-1b 所示的动力学系统模型。根据图 3-1b 所示的单自由度振子动力学系统模型，可建立其动力学方程：

$$M\ddot{d}(t) + C\dot{d}(t) + Kd(t) = -M\ddot{d}_g(t) \tag{3-1}$$

由于 $\ddot{d}^t(t) = \ddot{d}(t) + \ddot{d}_g(t)$，$C = 2m\omega\xi$，$\omega = \sqrt{K/M}$，其中 ξ 为单自由度振子的阻尼比，故可将式（3-1）化简为：

$$\ddot{d}^t(t) + 2\xi\omega\dot{d}(t) + \omega^2 d(t) = 0 \tag{3-2}$$

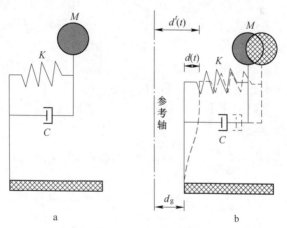

图 3-1　单自由度振子模型

a—力学模型；b—动力学系统模型

对图 3-1b 所示的动力学系统，在指定的水平向地震动 $\ddot{d}_g(t)$ 作用下，其相对位移反应可由时域分析中的杜哈梅积分求得，即：

$$d(t) = \frac{1}{M\omega\sqrt{(1-\xi^2)}}\int_0^t -M\ddot{d}_g(\tau)e^{-\xi\omega(t-\tau)}\sin[\omega\sqrt{(1-\xi^2)}(t-\tau)]d\tau$$

$$\tag{3-3}$$

对式（3-3）求一次时间导数，可得动力学系统的相对速度反应：

$$\dot{d}(t) = \int_0^t - \ddot{d}_g(\tau)\,\mathrm{e}^{-\xi\omega(t-\tau)} \left\{ \cos\left[\omega\sqrt{(1-\xi^2)}\,(t-\tau)\right] - \right.$$

$$\left. \frac{\xi}{\sqrt{(1-\xi^2)}}\sin\left[\omega\sqrt{(1-\xi^2)}\,(t-\tau)\right] \right\}\mathrm{d}\tau \tag{3-4}$$

根据式（3-2）~式（3-4）可得动力学系统的绝对加速度反应为：

$$\ddot{d}^t(t) = \omega\sqrt{(1-\xi^2)}\int_0^t \ddot{d}_g(\tau)\,\mathrm{e}^{-\xi\omega(t-\tau)} \left\{ \left(\frac{1-2\xi^2}{1-\xi^2}\right)\sin\left[\omega\sqrt{(1-\xi^2)}\,(t-\tau)\right] + \right.$$

$$\left. \left(\frac{2\xi}{\sqrt{(1-\xi^2)}}\right)\cos\left[\omega\sqrt{(1-\xi^2)}\,(t-\tau)\right] \right\}\mathrm{d}\tau \tag{3-5}$$

式（3-3）~式（3-5）分别带入关系式 $\omega = 2\pi/T$，并令：

$$\begin{cases} S_a(\xi,\ T) = \left|\ddot{d}^t(t)\right|_{\max} \\ S_v(\xi,\ T) = \left|\dot{d}(t)\right|_{\max}, & \xi \geqslant 0,\ T \geqslant 0 \\ S_d(\xi,\ T) = \left|d(t)\right|_{\max} \end{cases} \tag{3-6}$$

则 $S_a(\xi,\ T)$、$S(\xi,\ T)$、$S_d(\xi,\ T)$ 分别就是加速度反应谱、速度反应谱、位移反应谱的关系表达式。它们的物理意义为：一系列具有相同阻尼比、不同自振周期的单自由度线弹性体系，在给定的地震动时程作用下，各单自由度振子的绝对加速度、相对速度、相对位移反应绝对值的最大值与其自振周期之间的关系曲线，分别被称为加速度反应谱、速度反应谱、位移反应谱。

一般情况下，当阻尼比小于 0.2 时，可以近似地认为 $\xi^2 = 0$，则式（3-3）~式（3-5）可分别近似等效为：

$$d(t) = \frac{1}{\omega}\int_0^t - \ddot{d}_g(\tau)\,\mathrm{e}^{-\xi\omega(t-\tau)}\sin\left[\omega(t-\tau)\right]\mathrm{d}\tau \tag{3-7}$$

$$\dot{d}(t) = \int_0^t - \ddot{d}_g(\tau)\,\mathrm{e}^{-\xi\omega(t-\tau)}\cos\left[\omega(t-\tau)\right]\mathrm{d}\tau \tag{3-8}$$

$$\ddot{d}^t(t) = \omega\int_0^t \ddot{d}_g(\tau)\,\mathrm{e}^{-\xi\omega(t-\tau)}\sin\left[\omega(t-\tau)\right]\mathrm{d}\tau \tag{3-9}$$

当单自由度振子的自振周期不是非常长时，式（3-10）可近似成立[75,76]：

$$\dot{d}(t) = \int_0^t - \ddot{d}_g(\tau)\,\mathrm{e}^{-\xi\omega(t-\tau)}\cos\left[\omega(t-\tau)\right]\mathrm{d}\tau$$

$$\approx \int_0^t - \ddot{d}_g(\tau)\,\mathrm{e}^{-\xi\omega(t-\tau)}\sin\left[\omega(t-\tau)\right]\mathrm{d}\tau \tag{3-10}$$

因此，可定义伪速度反应谱的关系表达式为：

$$S_{pv}(\xi,\ \omega) = \left|\int_0^t - \ddot{d}_g(\tau)\,\mathrm{e}^{-\xi\omega(t-\tau)}\sin\left[\omega(t-\tau)\right]\mathrm{d}\tau\right|_{\max} \tag{3-11}$$

根据式（3-7）、式（3-9），也可得伪位移、伪加速度反应谱的关系表达式为：

$$S_{\mathrm{p}d}(\xi,\ \omega) = \left| \frac{1}{\omega}\int_0^t -\ddot{d}_{\mathrm{g}}(\tau)\,\mathrm{e}^{-\xi\omega(t-\tau)}\sin[\omega(t-\tau)]\mathrm{d}\tau \right|_{\max} \tag{3-12}$$

$$S_{\mathrm{p}d}(\xi,\ \omega) = \left| \omega\int_0^t \ddot{d}_{\mathrm{g}}(\tau)\,\mathrm{e}^{-\xi\omega(t-\tau)}\sin[\omega(t-\tau)]\mathrm{d}\tau \right|_{\max} \tag{3-13}$$

由式（3-11）~式（3-13）可知，伪加速度反应谱、伪速度反应谱、伪位移反应谱存在如下的关系：

$$S_{\mathrm{p}a}(\xi,\ \omega) = \omega S_{\mathrm{p}v}(\xi,\ \omega) = \omega^2 S_{\mathrm{p}d}(\xi,\ \omega) \tag{3-14}$$

当 $0<\xi<0.2$ 时，式（3-14）近似成立；当 $\xi=0$ 时，式（3-14）绝对成立[63]。

根据上述公式计算不同地震动时程的反应谱可知，各地震动的反应谱谱值和曲线形状都有很大的差别。这是由于地震动时程的反应谱与对应地震动的震级、震源深度、震源机制、震中距（断层距）、场地条件、地质条件、结构自振周期、结构阻尼比等因素相关。但在实际应用中，通常会考虑场地条件、震中距、震级、结构自振周期、结构阻尼比等因素对反应谱强度和形状的影响。而由于目前还不能很好地定量分析震源机制、地质条件等因素对反应谱的影响，所以实际应用中常常会忽略它们对反应谱形状的影响。

3.2.2 设计反应谱

弹性反应谱理论目前是建筑结构抗震设计的主要方法之一，因为弹性反应谱可以在考虑地震动峰值以及结构动力特性的基础上方便、快捷地计算出结构的基底最大剪力、顶部最大位移等结构反应数值。

但单一一条强震加速度记录的弹性反应谱很难应用于抗震设计，因为每一条强震的加速度记录的反应谱曲线都各不相同，具有较大的不规则性。为保证抗震设计的统一性、准确性、可操作性，基于大量的强震加速度记录的反应谱进行归一化、平均化和平滑化，最终可得到一种形状较为规则的标准反应谱，这种标准反应谱可直接应用于建筑结构抗震设计，故而被称作设计反应谱。

目前大多数国家的抗震设计规范给出的设计反应谱是基于加速度反应谱标准化之后得到的，但目前一些抗震设计方法中存在使用速度反应谱和位移反应谱进行标准化得到设计反应谱的情况。

对于经过加速度反应谱标准化得到的设计反应谱可称为设计加速度反应谱，其形状如图 3-2a 所示。设计加速度反应谱一般可分为三四段，从零周期开始的高频部分是直线上升段，在短周期部分是平台段，在大于特征周期的中长周期部分是曲线下降段。一般直线上升段和平台段的交点处周期值为 0.1s，平台段与曲线下降段的交点处周期为特征周期，在中国抗震设计规范中既可根据场地类型和设防分组确定[11]，也可根据地震动参数区划图直接确定[77]。

对于经过速度反应谱标准化得到的设计反应谱可称为设计速度反应谱，其形状如图 3-2b 所示。设计速度反应谱一般分为两段，从零周期至特征周期部分是直线上升段，特征周期以后的部分为平台段[78]。

对于经过位移反应谱标准化得到的设计反应谱可称为设计位移反应谱，其形状如图 3-2c 所示。设计位移反应谱一般只有一个直线上升段。

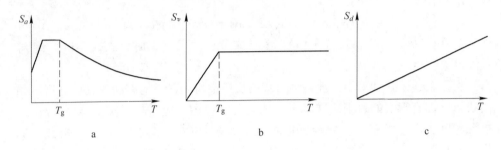

图 3-2　设计反应谱示意图

a—设计加速度反应谱；b—设计速度反应谱；c—设计位移反应谱

对于目前大多数抗震设计规范采用的设计加速度反应谱，按照反应谱曲线纵坐标物理量的不同，可分为直接以加速度峰值标定的反应谱曲线、地震动力放大系数曲线、地震影响系数曲线三类。

直接以加速度峰值标定的反应谱曲线，是指设计加速度反应谱曲线纵坐标直接以地面地震动加速度峰值 $1.0g$ 标定后给出反应谱值得到的谱曲线；地震动力放大系数曲线，是指由设计加速度反应谱曲线纵坐标为单自由度动力体系绝对加速度反应最大值与地面地震动加速度峰值之比得到的地震动力放大系数得到的谱曲线；地震影响系数曲线，是指以设计加速度反应谱曲线纵坐标为地震动力放大系数与地震系数（以 $1.0g$ 为单位的地面地震动加速度峰值）相乘后得到地震影响系数绘成的谱曲线。

我国建筑结构抗震设计规范中以地震影响系数曲线的形式给出设计加速度反应谱。

3.2.3　弹塑性反应谱

在推导弹性反应谱的过程中，假设所有单自由度体系的刚度不随变形的变化而变化，即单自由度体系是线弹性的。而工程实际中结构的刚度在构件发生屈服后会随变形的变化而变化。实际结构的非线性模型十分复杂，研究过程中不同学者提出了各自的结构弹塑性模型。目前最为常用的结构弹塑性模型有双折线模型和曲线模型，如图 3-3 所示。

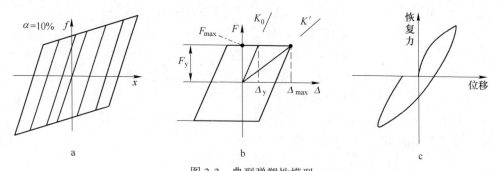

图 3-3　典型弹塑性模型

a—双折线弹塑性模型；b—理想弹塑性模型；c—曲线弹塑性模型

定义延性系数计算公式如下：

$$\mu = \frac{\Delta_{max}}{\Delta_y} \tag{3-15}$$

式中，Δ_y 为单自由度体系的屈服位移；Δ_{max} 为单自由度体系的最大位移反应。

假定已知单自由度体系的初始阻尼比、线弹性阶段自振周期以及位移延性系数，按照弹性反应谱的求取方法，经过简单的力学变换，可求得不同延性系数所对应的反应谱，即弹塑性反应谱。延性系数等于 1 时的弹塑性反应谱就是弹性反应谱。

弹塑性反应谱最初由纽马克等人于 1971 年提出。弹塑性反应谱根据反应谱曲线纵坐标的不同可分为弹塑性屈服反应谱、弹塑性加速度反应谱、弹塑性总变形反应谱三种[73]。弹塑性屈服反应谱，是以弹塑性单自由度体系的 Δ_y 屈服位移为纵坐标绘成的谱曲线；弹塑性加速度反应谱，是以单自由度体系最大内力时的加速度为纵坐标绘成的谱曲线；弹塑性总变形反应谱，是以单自由度体系的最大位移 Δ_{max} 为纵坐标绘成的谱曲线。

对于如图 3-3b 所示的弹塑性单自由度体系，结构的屈服强度为：

$$F_y = F_{max} = k_0\Delta_y = m\omega^2\Delta_y \tag{3-16}$$

式中，k_0 为单自由度体系的弹性刚度；m 为单自由度体系的质量；ω 为单自由度体系弹性阶段的自振频率。

结构最大加速度为：

$$a_{max} = \frac{F_{max}}{m} = \frac{m\omega^2\Delta_y}{m} = \omega^2\Delta_y \tag{3-17}$$

结构最大位移为：

$$\Delta_{max} = \mu\Delta_y \tag{3-18}$$

因此，对于滞回曲线如图 3-3b 所示的弹塑性单自由度体系，其弹塑性屈服

反应谱 $S_{m,y}(\xi, \omega)$、弹塑性加速度反应谱 $S_{in,a}(\xi, \omega)$、弹塑性总变形反应谱 $S_{in,d}(\xi, \omega)$ 之间的关系为：

$$\begin{cases} S_{in,d}(\xi, \omega) = \mu S_{in,y}(\xi, \omega) \\ S_{in,a}(\xi, \omega) = \omega^2 S_{in,y}(\xi, \omega) \end{cases} \tag{3-19}$$

本节主要利用弹塑性屈服反应谱的相关结论进行相关的研究，故下文涉及的弹塑性反应谱均是指弹塑性屈服反应谱。

此外，由于弹塑性体系中叠加原理不再适用，所以不能在弹塑性反应谱的基础上使用振型叠加法求得多自由度体系的地震反应[74]。

3.2.4　弹塑性等效线性化方法

前文提到，弹塑性反应谱不能直接应用于求解多自由度体系的非线性动力反应。但前人研究表明，弹塑性结构的动力反应可以基于合理的等效准则采用线性黏弹性体系的动力反应来近似模拟，这就是弹塑性等效线性化的方法的基本思想。

弹塑性等效线性化方法，是指通过线性黏弹性体系的结构反应来近似等效弹塑性体系结构反应的简化方法。对于如图 3-1 所示的单自由度体系，假设其滞回曲线如图 3-3 所示，则该体系在地震动作用下结构的动力方程为：

$$\ddot{d}(t) + 2\xi_0\omega_0\dot{d}(t) + \omega_0^2 f(\Delta) = -\ddot{d}_g(t) \tag{3-20}$$

式中，ω_0 与 ξ_0 分别为结构体系在弹性阶段的自振频率和阻尼比；$f(\Delta)$ 为归一化的弹塑性恢复力模型；其他参数物理意义同式（3-2）。

如果采用等效线性化方法，可以把式（3-20）变换为与式（3-2）相同的形式，即：

$$\ddot{d}(t) + 2\xi_e\omega_e\dot{d}(t) + \omega_e^2 d(t) = 0 \tag{3-21}$$

式中，ω_e 与 ξ_e 分别为结构体系在的等效自振频率和等效阻尼比。

通过式（3-21），可以以弹性反应谱的相关理论和公式来近似计算单自由度体系的非线性反应。但这种近似计算结构非线性反应的前提是获得能够较为准确计算出非线性单自由度体系的等效自振频率（或等效自振周期）和等效阻尼比。

目前在地震工程领域典型的弹塑性等效线性化方法见表 3-1。

表 3-1　常用等效线性化方法[79,80]

序号	等效线性化方法	等效周期	等效阻尼比
1	割线刚度法	$T_{eq} = T\sqrt{\dfrac{\mu}{1 - \alpha + \alpha\mu}}$	$\xi_{eq} = \xi_0 + \dfrac{2}{\pi} \times \dfrac{(1-\alpha)(\mu-1)}{\mu - \alpha\mu + \alpha\mu^2}$

序号	等效线性化方法	等效周期	等效阻尼比
2	刚度和能量平均法	$T_{eq} = T\sqrt{\alpha + (1-\alpha)\dfrac{1}{\mu}(1+\ln\mu)}$	$\xi_{eq} = \xi_0 + \dfrac{1}{\pi} \times \dfrac{1 + \dfrac{1}{\mu^2} - \dfrac{2}{\mu}}{1 + \ln(\mu)}$
3	刚度和阻尼平均法	$T_{eq} = T\sqrt{\alpha + (1-\alpha)\dfrac{1}{\mu}(1+\ln\mu)}$	$\xi_{eq} = \xi_0 + \dfrac{2}{\pi} \times \dfrac{\dfrac{1}{\mu} + \ln(\mu) - 1}{1 + \ln(\mu)}$
4	Iwan 法	$T_{eq} = T[1 + 0.121(\mu-1)^{0.939}]$	$\xi_{eq} = \xi_0 + 0.0587(\mu-1)^{0.371}$
5	Hwang 法	$T_{eq} = T\sqrt{\dfrac{\mu}{1-\alpha+\alpha\mu}\left(1 - 0.737\dfrac{\mu-1}{\mu^2}\right)}$	$\xi_{eq} = \xi_0 + \dfrac{\mu^{0.58}}{3\pi} \times \dfrac{\mu-1}{\mu}$
6	Kowalsky 法	$T_{eq} = T\sqrt{\dfrac{\mu}{1-\alpha+\alpha\mu}}$	$\xi_{eq} = \xi_0 + \dfrac{1}{\pi}\left(1 - \dfrac{1-\alpha}{\sqrt{\mu}} - \alpha\sqrt{\mu}\right)$

3.3 建筑结构减震系统工作原理介绍

本章所述的结构减震技术，主要是指在建筑结构上附加阻尼器的被动控制技术。在建筑结构上附加阻尼器时，阻尼器刚度与建筑结构刚度有串联和并联布置之分。两种刚度组合的阻尼器布置方式有着各自的适用范围，因此减震结构设计时，应首先根据科学合理的选用原则选择刚度组合方式。

串联布置和并联布置在减震原理上有较大的差异。将原结构、减震结构简化为单自由度动力体系之后，可基于反应谱理论来阐明减震结构的基本工作原理。

3.3.1 刚度组合分类及其选用原则

当在建筑结构上附加阻尼器时，阻尼器的刚度与原结构的刚度有两种组合方式，分别为刚度并联式阻尼器布置方式和刚度串联式阻尼器布置方式。两种刚度组合的阻尼器布置形式示意图如图 3-4 所示。

刚度并联式阻尼器布置方式，其单自由度动力体系满足如下关系：

$$\begin{cases} F_{减} = F_{主} + F_{阻} \\ \Delta_{减} = \Delta_{主} = \Delta_{阻} \end{cases} \tag{3-22}$$

式中，$F_{减}$、$F_{主}$、$F_{阻}$分别为减震结构的内力、主结构的内力、阻尼器的内力。

刚度并联体系的等效刚度计算公式为：

$$K_{减} = K_{原} + K_{阻} \tag{3-23}$$

刚度并联体系一般适用于刚度较小、结构弹性变形范围较大结构体系。因为此时附加阻尼器会在不增加结构总质量的情况下增加减震结构的刚度，从而使减震结构在弹性变形范围内自振周期降低，在地震动作用下结构的位移反应降低。

并且，由于原结构弹性变形范围较大，当阻尼器和原结构刚度并联后，在弹性变形条件下阻尼器的变形与原结构的变形大致相同，从而结构变形可以有效传递到阻尼器中，使阻尼器能够更有效地发挥滞回耗能的作用。此外，刚度并联式附加阻尼器在发生塑性破坏后易于更换和维修。一般的建筑结构类型诸如钢筋混凝土框架结构、木构架结构、砌体结构、钢筋混凝土剪力墙结构等多层及高层建筑结构均适合使用刚度并联式阻尼器布置方式。

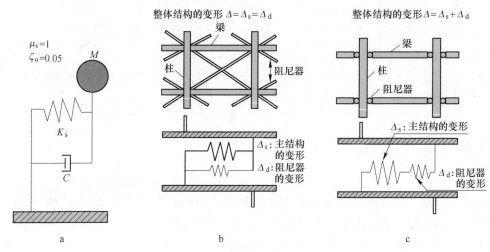

图 3-4　刚度组合方式[81]

a—原结构示意图；b—刚度并联式减震结构；c—刚度串联式减震结构

刚度串联式阻尼器布置方式，其单自由度动力体系满足如下关系：

$$\begin{cases} F_{减} = F_{主} = F_{阻} \\ \Delta_{减} = \Delta_{主} + \Delta_{阻} \end{cases} \qquad (3\text{-}24)$$

刚度串联体系的等效刚度计算公式为：

$$K_{减} = \frac{K_{原} K_{阻}}{K_{原} + K_{阻}} \qquad (3\text{-}25)$$

刚度串联体系适用于刚度较大、弹性变形范围较小、塑性变形能力较小的结构体系。附加阻尼器刚度和原结构刚度串联后，直接后果就是在不增加结构总质量的情况下减小原结构的刚度，从而使减震结构的弹性自振周期延长，在地震动作用下结构在弹性阶段的基底剪力反应降低、最大位移反应增大。刚度串联式阻尼器布置方式可以增加原结构的变形能力，提高结构的塑形变形性能。此外，在结构上刚度串联布置阻尼器，也具有阻尼器塑性破坏后易于维修和更换的优点。刚度串联式阻尼器布置方式适用于钢筋混凝土剪力墙结构、钢筋混凝土框架剪力墙结构等结构类型。

3.3.2　结构减震机理及其效应

　　建筑结构添加阻尼器后减小地震动作用下结构反应的原理，是基于阻尼器对结构产生的两方面的效应形成的。第一方面的效应为，添加的阻尼器的刚度与原结构刚度组合后造成原结构的刚度的增加或减小，进而引起结构自振周期发生变化，使结构反应在反应谱曲线上的纵横坐标发生变化，结构反应产生第一次变化（以下简称"第一阶段效应"）；第二方面的效应为，添加的阻尼器附加的阻尼对原结构阻尼进行累加，致使减震结构阻尼比大于原结构阻尼比，从而导致结构反应在反应谱曲线上的纵坐标发生变化，即结构反应产生第二次变化（以下简称"第二阶段效应"）。

　　将原结构、刚度并联式减震结构、刚度串联式减震结构的动力学模型简化为如图 3-5 所示的单自由度体系。

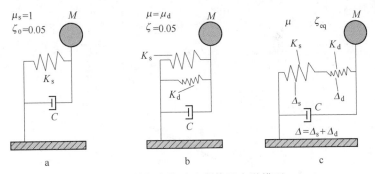

图 3-5　单自由度动力学体系力学模型

a—原结构；b—刚度并联式减震结构；c—刚度串联式减震结构

　　本节研究的减震结构主要针对基本周期处于中长周期区段的钢筋混凝土剪力墙结构。按照图 3-2 所示的设计反应谱形状特征可知，基本周期处于中长周期区段单自由度结构的体系在阻尼比一定时速度反应谱不随自振周期的变化而变化。并且，本节研究的减震结构主要是指在建筑结构上附加位移相关型阻尼器的消能减震结构。

　　由图 3-4b 可知，与原结构相比，刚度并联式减震结构安装阻尼器后结构总质量的变化可以忽略不计，而阻尼器刚度和原结构刚度并联后减震结构刚度会增加，故减震结构在弹性阶段的基本周期会小于原结构在弹性阶段的基本周期。但阻尼器进入塑性变形状态之后会发生刚度退化现象，根据弹塑性等效线性化原理可知，考虑塑性变形的等效周期一般大于相应结构在弹性变形阶段的基本周期。对于减震结构，设计过程中一般都要求阻尼器发生塑性变形时主结构仍处于弹性变形的范围，所以对于刚度并联式减震结构，其等效周期仍小于原结构弹性变形阶段的基本周期。原结构与减震结构之间基本周期的变化，导致减震结构与原结构相比，加速度反应谱值增大、速度反应谱值不变、位移反应谱值减小。

　　由于安装的位移相关型阻尼器在产生塑性变形后，其滞回特性可以根据等效线性化方法求得等效阻尼比，减震结构的阻尼比等于阻尼器的等效阻尼比与原结构初始阻尼比之和，因此，减震结构的阻尼比大于原结构的阻尼比，故减震结构的加速度反应、速度反应、位移反应会小于原结构。

　　综合分析刚度并联式阻尼器布置方式前述两阶段的结构反应可知，减震结构的加速度反应先随着等效周期的减小而增大，然后又随着阻尼比的增加而降低，速度反应开始随着等效周期的减小保持不变，最后随着阻尼比增加直接下降，位移反应在两个阶段均降低。对于刚度并联体系的加速度反应，如果选用阻尼器适当可以实现减震结构的加速度反应小于原结构的加速度反应。当减震结构的加速度、速度、位移反应均小于原结构的相应反应时，可认为设计的减震结构达到了良好的减震效果。

　　阻尼器刚度以并联的方式与原结构刚度进行组合后，原结构与减震结构动力反应在设计加速度反应谱、设计速度反应谱、设计位移反应谱上的表现如图 3-6 所示。

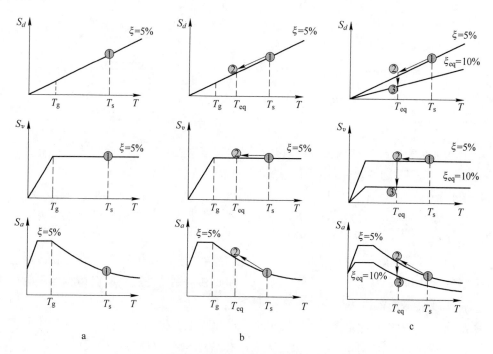

图 3-6　刚度并联式阻尼器布置方式减震原理
a—原结构反应；b—第一阶段效应；c—第二阶段效应

由图 3-4c 可知，与原结构相比，刚度串联式减震结构安装阻尼器后结构总质量的变化可以忽略不计，而阻尼器刚度和原结构刚度串联后减震结构刚度会减小，故减震结构在弹性阶段的基本周期会大于原结构在弹性阶段的基本周期。并且阻尼器进入塑性变形状态之后会发生刚度退化现象，根据弹塑性等效线性化原理可知，考虑塑性变形的等效周期一般大于相应结构在弹性变形阶段的基本周期。所以对于刚度串联式减震结构，其等效周期亦小于原结构弹性变形阶段的基本周期。原结构与减震结构之间基本周期的变化，导致减震结构与原结构相比，加速度反应谱值略减小、速度反应谱值不变、位移反应谱值增加。

与刚度并联式减震结构相同，阻尼器塑性变形亦会使得刚度串联式减震结构阻尼比增大，从而致使减震结构加速度反应、速度反应、位移反应会小于原结构的。

综合分析刚度串联式阻尼器布置方式前述两阶段的结构反应可知，减震结构加速度反应在两个阶段均降低，速度反应开始时随着等效周期的增大保持不变，最后随着阻尼比增加直接下降，位移反应先随着等效周期的增大而增大，然后又随着阻尼比的增加而降低。对于刚度并联体系的加速度反应，如果选用阻尼器适当可以实现减震结构的位移反应小于原结构的位移反应。当减震结构的加速度、速度、位移反应均小于原结构的相应反应时，可认为设计的减震结构达到了良好的减震效果。

阻尼器刚度以串联的方式与原结构刚度进行组合后，原结构与减震结构动力反应在设计加速度反应谱、设计速度反应谱、设计位移反应谱上的表现如图 3-7 所示。

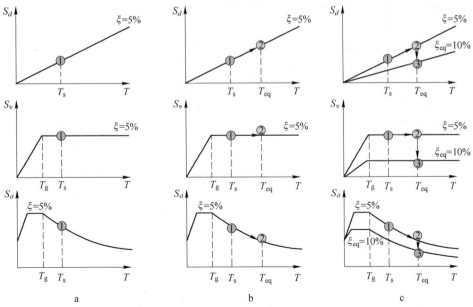

图 3-7 刚度串联式阻尼器布置方式减震原理

a—原结构反应；b—第一阶段效应；c—第二阶段效应

3.3.3　减震结构与原结构力学参数比较

由基于反应谱理论的减震系统减震原理分析可知，无论是刚度并联式减震系统还是刚度串联式减震系统，其消能减震效果实现的本质原因是附加的消能减震装置直接或间接地改变了原结构的基本周期和阻尼比等动力学参数，进而引起减震结构与原结构相比地震反应发生变化。

刚度并联式减震系统、刚度串联式减震系统动力学参数与原结构动力学参数之间的对比关系见表3-2。

表 3-2　两大减震系统动力学参数分析

参数	并联式	关系	原结构	关系	串联式
质量	M	=	M	=	M
弹性刚度	$K_{减,并}$	>	$K_{原}$	>	$K_{减,串}$
基本周期 （等效周期）	$T_{eq,并}$	<	$T_{原}$	<	$T_{eq,串}$
阻尼比 （等效阻尼比）	$\xi_{eq,并}$	>	ξ_0	<	$\xi_{eq,串}$

根据图3-6与图3-7，对刚度并联式减震系统的地震反应与刚度串联式减震系统的地震反应进行对比。两大减震系统的地震反应对比分析见表3-3。

表 3-3　两大减震系统地震反应对比分析

参　　数		刚度并联式	刚度串联式
第一阶段反应与 原结构反应相比	加速度反应	上升	下降
	速度反应	不变	不变
	位移反应	下降	上升
第二阶段反应与 第一阶段反应相比	加速度反应	下降	下降
	速度反应	下降	下降
	位移反应	下降	下降

结合表3-3、图3-6、图3-7可知，两大减震系统的速度反应均不随结构自振周期的变化而变化，只随结构阻尼比的增加而降低。并且根据式(3-14)可知，加速度反应谱、速度反应谱以及位移反应谱三者之间有着变换关系。因此，在后文进行减震结构减震性能评价时，减震结构加速度反应、位移反

应降低率等评价指标宜采用考虑阻尼效应的速度反应谱幅值进行相关计算。但计算的过程中必须保证速度反应谱阻尼效应计算公式具有一定的科学性、准确性和可操作性。

3.4 阻尼效应修正系数

由基于反应谱理论的减震结构基本原理解析过程可知，基本周期处于中长周期段的减震结构速度反应谱一般不随基本周期的变化而变化，只随阻尼比的变化而变化。正是基于这一原理，可以速度反应谱的变化规律为桥梁求取减震结构性能曲线和评价减震结构性能，这是第4章的主要研究内容。但在进行第4章的主要研究内容之前，应对阻尼比对中长周期段速度反应谱的影响程度给出合理的评估准则。

对于阻尼比变化对反应谱幅值影响程度的评估，目前的主流方法是采用反应谱阻尼效应修正系数计算公式。

尽管世界范围内许多研究者都提出了不同的反应谱阻尼效应修正系数计算公式，但这些公式在使用对象、考虑影响因素、计算结果精确度上都与本章节研究的中长周期段速度反应谱阻尼效应修正系数评估工作的特性有出入。因此，在本章有必要研究并拟合新的中长周期段速度反应谱阻尼效应修正系数计算公式。

3.4.1 阻尼效应修正系数及其应用

阻尼比，亦称等效临界黏滞阻尼比，是指振动体系的黏滞阻尼系数与临界黏滞阻尼系数的比值。其中黏滞阻尼是指结构阻尼与结构运动速度相关的一种耗能机制。对于单自由度振动体系，其自由运动方程为：

$$M\ddot{d}(t) + C\dot{d}(t) + Kd(t) = 0 \tag{3-26}$$

式中，C 为黏滞阻尼系数；$d(t)$ 为体系运动位移。

利用变换 $d(t) = e^{st}$（s 为待定常数，t 为时间变量），可将式（3-26）转换为特征方程：

$$Ms^2 + Cs + K = 0 \tag{3-27}$$

求解式（3-27），得该二次代数方程的根为：

$$s = \frac{-C}{2M} \pm \sqrt{\frac{C^2}{4M^2} - \omega_0^2} \tag{3-28}$$

式中，ω_0 为单自由度振动体系的圆频率，$\omega_0 = \sqrt{\dfrac{K}{M}}$。

当 $C = 2M\omega_0$ 时，式（3-27）只有一个实根 $s = \dfrac{-C}{2M}$，运动方程式（3-26）的

解 $d(t) = e^{\frac{-C}{2M}t}$。此时单自由度动力体系的位移会随时间而衰减，即单自由度动力体系不会发生往复运动。故而，定义等于 $2M\omega_0$ 的黏滞阻尼系数 C_0 为临界黏滞阻尼系数，简称临界阻尼系数。

当 $C > 2M\omega_0 = C_0$ 时，方程式（3-27）有两个实根 $s_1 = \dfrac{-C}{2M} + \sqrt{\dfrac{C^2}{4M^2} - \dfrac{C_0^2}{4M^2}}$，

$s_2 = \dfrac{-C}{2M} - \sqrt{\dfrac{C^2}{4M^2} - \dfrac{C_0^2}{4M^2}}$，运动方程式（3-26）的解 $d(t) = e^{\left(\frac{-C}{2M} \pm \sqrt{\frac{C^2}{4M^2} - \frac{C_0^2}{4M^2}}\right)t}$。此

时单自由度动力体系的位移亦会随时间而衰减，即单自由度动力体系不会发生往复运动。

当 $C < 2M\omega_0 = C_0$ 时，方程式（3-27）有两个复根 $s_1 = \dfrac{-C}{2M} + $

$\mathrm{i}\sqrt{\dfrac{C_0^2}{4M^2} - \dfrac{C^2}{4M^2}}$，$s_2 = \dfrac{-C}{2M} - \mathrm{i}\sqrt{\dfrac{C_0^2}{4M^2} - \dfrac{C^2}{4M^2}}$，运动方程式（3-26）的解 $d(t) = $

$e^{\left(\frac{-C}{2M} \pm \mathrm{i}\sqrt{\frac{C_0^2}{4M^2} - \frac{C^2}{4M^2}}\right)t}$。令 $\xi = \dfrac{C}{C_0} = \dfrac{C}{2M\omega_0}$，则 $d(t) = e^{\frac{-C}{2M}\left(-1 \pm \mathrm{i}\sqrt{\xi^2 - 1}\right)t}$。此时单自由度动

力体系的位移亦会随时间而做往复运动[74]。

ξ 就是单自由度动力体系的临界阻尼比，简称阻尼比。阻尼比的物理意义就是单自由度动力体系的黏滞阻尼系数与其对应的临界黏滞阻尼系数之比。阻尼比是一个小于 1 的正实数。

建筑结构可简化为一个线弹性的多自由度动力体系，多自由度动力体系的每阶振型均对应一个阻尼比。对于建筑结构各振型的阻尼比，可根据结构动力测试试验所实测数据的功率谱经半功率点法直接求得。试验表明，建筑结构各振型对应的阻尼比通常不随对应自振周期的变化规律变化。求得阻尼比后，可采用振型分解反应谱法计算多自由度弹性动力体系的动力反应。

工程实际中，不同类型的结构一般具有不同的阻尼比。钢结构的阻尼比一般在 2%~3%，钢筋混凝土结构的阻尼比一般在 5%~7%，配筋砌体结构的阻尼比一般在 7%~10%，附加阻尼器的消能减震结构的等效阻尼比一般在 10%~20%，隔震结构的等效阻尼比可达 20%~30%[74]。

此外，同一结构类型结构的阻尼比会随着结构高度、结构抗侧力构件布置形式、结构是否进入弹塑性状态等因素的变化而取值不同。以钢结构为例，在不同情况下该类结构阻尼比建议按表 3-4 取值。

表 3-4 钢结构在不同情况下阻尼比取值[11]

结构高度	多遇地震情况下进行弹性分析时		罕遇地震情况下进行弹塑性分析时
	偏心支撑框架部分承担的地震倾覆力矩不大于结构总地震倾覆力矩的50%时	偏心支撑框架部分承担的地震倾覆力矩大于结构总地震倾覆力矩的50%时	
结构高度不大于50m	0.04	0.045	
结构高度大于50m，且小于200m	0.03	0.035	0.05
结构高度不小于200m	0.02	0.025	

3.4.2 阻尼效应修正系数

根据反应谱理论可知，阻尼比是影响反应谱幅值大小的重要因素之一。一般情况下，随着阻尼比的增大反应谱幅值会降低。尤其是对于初始阻尼比较小的短周期结构，阻尼比的微小增加就会造成反应谱幅值显著地降低[59,63,82,83]。图 3-8 所示反映了当阻尼比从 5%变化到 10%时，设计加速度反应谱、设计速度反应谱、设计位移反应谱的变化规律。

从图 3-8 可以看出，当阻尼比变化时，三种设计反应谱的幅值均有明显的变化。对于设计加速度反应谱，$T_1 \sim T_g$ 的短周期区段是平台段，设计加速度反应谱的幅值不随结构基本周期的变化而变化，只随阻尼比的变化而变化。而对于设计速度反应谱，大于 T_g 的长周期区段是平台段，设计速度反应谱

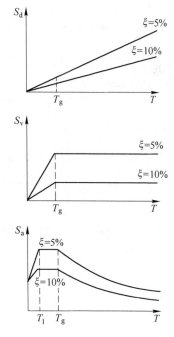

图 3-8 阻尼效应对设计反应谱的影响

的幅值不随结构基本周期的变化而变化，只随阻尼比的变化而变化。

　　由式（3-14）可知，伪加速度反应谱、伪速度反应谱、伪位移反应谱之间存在对等变换关系。考虑到设计反应谱是基于大量弹性反应谱经归一化、平均化、平滑化之后获得的，所以对于设计加速度反应谱、设计速度反应谱、设计位移反应谱，也可认为它们之间存在同式（3-14）相似的对等变换关系。因此可得以下变换关系：

$$\begin{cases} 设计加速度反应谱 = \dfrac{2\pi}{T} \times 设计速度反应谱 \\ \\ 设计位移反应谱 = \dfrac{T}{2\pi} \times 设计速度反应谱 \end{cases} \tag{3-29}$$

式中，T 为结构基本周期。

　　由式（3-29）可知，设计加速度反应谱和设计位移反应谱均可由设计速度反应谱求得。而对于本节研究的高层剪力墙结构，其基本周期一般处于中长周期区段，即本节所研究结构类型的设计速度反应谱幅值只随阻尼比的变化而变化，不随结构基本周期的变化而变化。

　　为评估阻尼比变化时反应谱幅值变化的大小，特定义反应谱阻尼效应修正系数这一概念。反应谱阻尼效应修正系数简称为阻尼效应修正系数，以符号 D_ξ 表示。并且，本章研究的 D_ξ 均是指在中长周期区段的设计速度反应谱的阻尼效应修正系数。

　　D_ξ 在建筑结构尤其是减震结构抗震设计中具有重要的作用。因为抗震设计规范中提供的抗震设计反应谱一般为初始阻尼比为 5% 的设计加速度反应谱，当所设计结构的阻尼比不等于 5% 时，必须使用阻尼效应修正系数 D_ξ 来估计阻尼比变化后的设计反应谱幅值。

3.4.3　阻尼效应修正系数经典公式评述

　　自从反应谱理论诞生以来，研究人员就开始研究阻尼比对地震反应谱幅值的影响。因此，自从 20 世纪 50 年代以来世界范围内许多学者开始对地震反应谱阻尼效应修正系数计算公式进行了充分的研究。表 3-5 列出了现存经典的反应谱阻尼效应计算公式。

表 3-5　阻尼效应计算公式

序号	提出时间	公式提出人	公　式	说　明
1	1956 年	麦德维杰夫 (S. V. Medvedev)[84]	$D_\xi = \dfrac{1}{\sqrt{20\xi}}$	
2	1956 年	豪森纳 (G. W. Housner)[84]	$D_\xi = \dfrac{1}{\sqrt[3]{20\xi}}$	

续表3-5

序号	提出时间	公式提出人	公 式	说 明
3	1960年	八国规范[85]	$D_\xi = \dfrac{2.9}{\sqrt{\lambda}}$	λ 为衰减系数，当阻尼比为 0.05 时取值为 0.08
4	1965年	陈达生[85]	$D_\xi = \dfrac{1}{\sqrt[4]{20\xi}}$	
5	1965年	刘恢先[85]	$D_\xi = \left(\dfrac{0.05}{\xi}\right)^n$	$n = 1/4 \sim 1/2$
6	1976年	A. Sozen[86]	$D_\xi = \dfrac{8}{6 + 100\xi}$	初始阻尼比为 0.02
7	1979年	日本规范草案	$D_\xi = \dfrac{1.5}{1 + 10\xi}$	
8	1982年	刘锡荟[87]	$D_\xi = \dfrac{1.1 - 3\lg(\xi)}{5}$	
9	1987年	Ashour	$D_\xi = \dfrac{0.05(1 - e^{-\xi B})}{\xi \sqrt{1 - e^{-0.05B}}}$	$B = 15 \sim 65$，一般取 50
10	1989年	胡聿贤	$D_\xi = \dfrac{1}{\sqrt[3]{16.8\xi + 0.16}}\left(\dfrac{0.8}{T}\right)^a$	$a(\xi) = \dfrac{0.05 - \xi}{0.156 + 3.38\xi}$
11	1989年	日本核电站规范	$D_\xi = \dfrac{1}{\sqrt{1 + 17(\xi - 0.05)e^{-2.5T/T_0}}}$	$T_0 = 10^{0.31M - 1.2}$，M 为震级
12	1990年	王亚勇	$D_\xi = a(\xi) + b(\xi)T$	$a(\xi)$ 按各种阻尼比分别统计
13	1991年	中国核电站构筑物规范	$D_\xi = \begin{cases} \dfrac{1}{\sqrt{1 + 15(\xi - 0.05)e^{-0.09T}}}, & T \geqslant 0.1s \\ 1.0, & T = 0.02s \end{cases}$	T 在 0.02~0.1 之间时可线性插值
14	1994年	高层钢结构规范送审稿	$D_\xi = \begin{cases} 1.35, & 0.1 \leqslant T \leqslant 2T_g \\ 1.35 + 0.2T_g - 0.1T, & T > 2T_g \end{cases}$	适用于 $\xi_0 = 0.02$，T_g 为反应谱拐点周期
15	1995年	上海高层钢结构设计暂行规定	$D_\xi = \begin{cases} \dfrac{9.5T - 0.45}{5.5T + 0.45}, & 0 \leqslant T \leqslant 0.1 \\ 1.4, & 0.1 < T \leqslant 0.9 \\ 1.4\left(\dfrac{0.9}{T}\right)^{0.08}, & 0.9 < T \leqslant 3.0 \\ 1.294, & 3.0 < T \leqslant 6.0 \\ 1.268, & 6.0 < T \leqslant 10 \end{cases}$	适用于初始阻尼比为 0.02，不采用修正系数方法，而是直接给出阻尼比为 0.02 的设计反应谱

序号	提出时间	公式提出人	公　　式	说明
16	2003 年	笠井和彦	$D_\xi = \begin{cases} 5T\left(\sqrt{\dfrac{1.5}{1+25\xi}} - 1\right) + 1, & 0 \leq T < 0.2 \\[2mm] \sqrt{\dfrac{1.5}{1+25\xi}}, & 0.2 \leq T < 2.0 \\[2mm] \sqrt{\dfrac{1.5}{1+25\xi}}\left[\dfrac{\sqrt{50\xi}(T-2)}{40} + 1\right], & \\[2mm] & 2.0 \leq T < 8.0 \end{cases}$	初始阻尼比为 0.02
17	2004 年	周雍年[88]	$D_\xi = \begin{cases} C^{10T}, & 0 \leq T < 0.1 \\ C, & 0.1 \leq T < T_g \\ C\dfrac{T_g}{T}, & T_g \leq T \end{cases}$	$C = 1 + \dfrac{0.05 - \xi}{0.03 + 1.9\xi}$
18	2009 年	蒋健[89]	$D_\xi = 1 - \dfrac{aT^b}{(T+1)^c}$	参数 a、b、c 为与场地类别有关的数值, 查表得
19	2011 年	郝安民[90]	$D_\xi = 1 - \dfrac{a\,(T/T_v)^b}{(T/T_v + d)^c}$	$\begin{cases} a = 18766.3\ln\xi + \\ \quad 56273.7 \\ b = 0.1888 - \\ \quad 0.6941\xi\ln\xi \\ c = 4.32 - 0.02\xi^2 - \\ \quad 0.008\sqrt{\xi} \\ d = 12.11 \end{cases}$ 考虑了近断层效应, T_v 为速度反应谱最大值所对应周期值
20	2012 年	郝安民[91]	$D_\xi = e^{(\alpha + \beta T^2 + \gamma T^3)}$	$\begin{cases} \alpha = a + b\xi + c\xi^{0.5} \\ \beta = d + e\xi^{0.5} \\ \gamma = f + g\xi^{0.5} \end{cases}$ a、b、c、d、e、f、g 等参数与震级和场地类型有关, 可查表得到

　　由表 3-5 可以看出, 自从反应谱理论诞生以来研究人员对阻尼效应修正系数的探索和研究一直在进行, 并且获得了丰硕的成果。

　　表 3-5 中的公式形式不尽相同, 且公式考虑影响因素也具有多样性[92]。从公式出现的先后顺序来说, 出现时间越晚的公式无论是在公式形式上还是在考虑的影响因素上变得越来越复杂。同时, 较晚出现的公式其计算精度呈现出越来越高的趋势, 这与世界范围内强震动观测技术的不断发展和强震动观测资料的不断

积累有着莫大的关系。例如出现时间较早的序号 1 对应的公式 $D_\xi = \dfrac{1}{\sqrt{20\xi}}$ 是根据
PGA 较小的地震动和爆破记录拟合而得，这一公式最大的缺点是当阻尼比接近 0
时阻尼效应修正系数无限大，而后期出现的公式则很少出现这种缺陷。综合来
说，现存公式分别考虑了阻尼比、场地类别、震级、近断层效应等重要影响
因素。

此外，表 3-5 中列出的公式中，序号 16、序号 19 对应的公式用于速度反应
谱阻尼效应修正系数估算，序号 20 对应的公式用于位移反应谱阻尼效应修正系
数估算，其他大部分公式都是针对加速度反应谱的阻尼效应修正系数估算。

本书使用反应谱阻尼效应修正系数的主要目的是评估速度反应谱在中长周期
段的幅值变化程度。虽然目前专业领域内存在少部分的速度反应谱阻尼效应修正
系数计算公式，但现存的公式主要有两大不足之处：有的公式只考虑了阻尼比的
影响，而没有考虑其他因素对公式的影响；有的公式尽管考虑了场地类别、阻尼
比等因素对公式的影响，但公式形式复杂，有些参数需查表才能确定，使用
不便。

因此，在进行基于反应谱理论和减震结构基本原理进行减震结构性能评估的
工作之前，应首先确定一个使用方便、科学合理、计算精确的中长周期段速度反
应谱阻尼效应修正系数计算公式。

3.4.4 阻尼效应修正系数影响因素

从 3.4.3 节中阻尼效应修正系数相关经典公式可知，大多数公式只考虑了阻
尼比对阻尼效应修正系数的影响。实际上阻尼效应修正系数还应与地震动的一些
特征有关系。

由反应谱理论可知，反应谱与对应地震动的震级、震源深度、震源机制、震
中距（断层距）、场地条件、地质条件等因素有关系。而对于阻尼效应修正系数
影响反应谱谱值的一个重要因素，其数值大小的计算也应与场地类别、地震动属
性等因素有关[93]。

为对比分析地震动特性对阻尼效应修正系数的影响，选定两条具有不同特征
的地震动[94]，并计算其阻尼效应修正系数。两条地震动的基本信息、加速度反
应谱、速度反应谱分别见表 3-6、图 3-9、图 3-10。

表 3-6 两条地震动基本信息

地震动	发震时刻	地震	震级	卓越周期	场地类别	台站地点	其他
天津波	1976 年 11 月 15 日	宁河地震	M6.9	NS 0.89	软场地	天津骨科医院	唐山地震余震
迁安波	1976 年 8 月 9 日	唐山地震余震	M5.7	NS 0.14	坚硬场地	迁安拦河大桥	

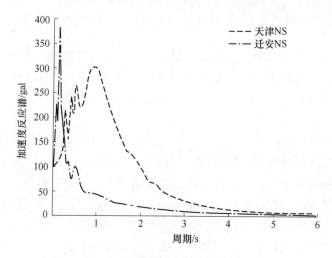

图 3-9　两地震动加速度反应谱

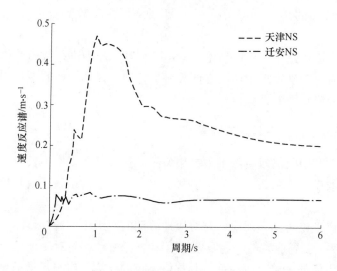

图 3-10　两地震动速度反应谱

　　对于上述两条地震动，各条地震动分别以阻尼比为 2% 的速度反应谱幅值除以阻尼比为 5% 的速度反应谱幅值，求得阻尼效应修正系数。两条地震动的阻尼效应修正系数如图 3-11 所示。

　　由图 3-11 可知，不同地震动的反应谱阻尼效应修正系数大小有差异，尤其是当自振周期较小时，不同地震动反应谱阻尼效应修正系数数值差异性较大。但对于每一条地震动反应谱的阻尼效应修正系数，其变化规律为：自振周期较小时，阻尼效应修正系数随自振周期的增大而逐渐降低；自振周期较大时，阻尼效应修正系数随自振周期的增大而在 1.0 上下浮动。因此，对于反应谱阻尼效应修

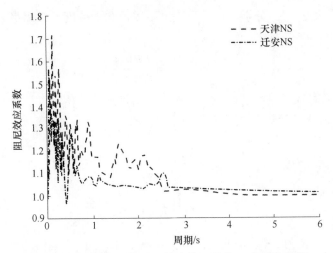

图 3-11 两条地震动的阻尼效应修正系数（速度反应谱）

正系数计算公式应考虑地震动特性的影响。

根据设计反应谱的相关理论，特征周期是反映场地类别、震中距等影响反应谱形状的因素的一个综合参数。例如，我国建筑结构抗震设计规范就是以建筑物场地类型、设计分组来确定特征周期的，而特征周期可以确定地震影响系数（即设计加速度反应谱）曲线中平台段与曲线下降段的分界点横坐标的数值。

其实，特征周期不仅是设计加速度反应谱曲线中平台段与曲线下降段的分界点横坐标的数值，也可以认为是设计速度反应谱曲线中直线上升段与平台段交点处横坐标的数值[73,78]。

因此，在阻尼效应修正系数计算公式中，可以添加特征周期这一因素来考虑场地类型和地震动特征对阻尼效应修正系数的影响。

特征周期的计算方法主要包括以下 5 种：

（1）FEMA 450 方法：

$$T_g = \frac{S_{D1}}{S_{DS}} \tag{3-30}$$

式中，S_{DS} 和 S_{D1} 分别为阻尼比为 5% 的设计加速度反应谱在平台段（最大值）和周期为 1s 处的数值。

（2）时程最大峰值法：

$$T_g = 2\pi \frac{V_{max}}{A_{max}} \tag{3-31}$$

式中，V_{max} 和 A_{max} 分别为地面速度峰值（PGV）和地面加速度峰值（PGA）。

（3）最大谱值法：

$$T_g = 2\pi \frac{S_{v,\,max}}{S_{a,\,max}} \tag{3-32}$$

式中，$S_{v,\,max}$ 和 $S_{a,\,max}$ 分别为速度反应谱最大值和加速度反应谱最大值。

（4）ATC3-06 方法：

$$T_g = 2\pi \frac{EPV}{EPA} \tag{3-33}$$

式中，EPV 为有效峰值速度；EPA 为有效峰值加速度。

EPV 与 EPA 的计算公式为：

$$EPV = \frac{\bar{S}_v}{2.5}$$

$$EPA = \frac{\bar{S}_a}{2.5} \tag{3-34}$$

式中，$\bar{S}_a$ 为阻尼比为 5% 的加速度反应谱在 0.1~0.5s 区段幅值的平均值；$\bar{S}_v$ 为阻尼比为 5% 的速度反应谱在 0.8~1.2s 区段幅值的平均值[95~97]；2.5 为一个经验系数。

（5）Green 方法。2003 年，美国密歇根大学安娜堡分校（University of Michigan, Ann Arbor）教授 R. A. Green 等人提出如下特征周期计算公式：

$$T_g = \frac{pgv}{pga} 2\pi \frac{\alpha_v(\xi = 0.05)}{\alpha_a(\xi = 0.05)} \tag{3-35}$$

式中，pgv 和 pga 分别为地面速度峰值（PGV）和地面加速度峰值（PGA）；$\alpha_v(\xi = 0.05)$ 为阻尼比为 5% 的速度反应谱放大系数中值，取值为 1.65；$\alpha_a(\xi = 0.05)$ 为阻尼比为 5% 的加速度反应谱放大系数中值，取值为 2.12。

我国地震动参数区划图[2,77,98]中，特征周期计算公式与式（3-33）及式（3-34）类似。本节计算各地震动特征周期时，按照我国地震动参数区划图中的相关理论和公式处理。

3.4.5　阻尼效应修正系数公式拟合

根据目前存在的阻尼效应修正系数计算公式的局限性，结合本书的研究目标和后续章节研究工作的需要，需对中长周期段速度反应谱阻尼效应修正系数计算公式进行拟合和建立。新公式拟合过程主要包括两大部分的内容：台站与强震观测记录的选取、公式拟合。

3.4.5.1　台站与强震记录的选取

为拟合阻尼效应修正系数计算公式，从日本强震观测台网 Kik-net 上选择了 40 个强震台站在 2011 年 3 月 11 日日本 3.11 大地震中采集的强震记录。40 个台站的 30m 剪切波速 v_{s30}、震中距、按照中国场地类别划分标准分类的场地类别[99]、震中距、地震动特征周期等信息见表3-7。

表 3-7 台站信息

序号	台站名称	特征周期	震中距	PGA/gal	v_{S30}	场地类别
1	AICH07	1.332978	583.2906	5.13	428.1007	II
2	AICH09	1.520659	621.7498	12.388	274.0276	III
3	AKTH13	0.29161	297.8343	57.87	535.7227	II
4	AOMH01	1.105369	415.9381	13.45	301.9912	II
5	AOMH13	1.629465	301.3733	130.356	154.2743	IV
6	AOMH16	1.25055	303.599	153.883	225.7525	III
7	AOMH17	0.59562	292.2695	107.156	378.3621	II
8	CHBH14	0.807709	319.9792	122.344	200.7435	III
9	CHBH20	1.415078	416.4742	24.571	1909.091	I_0
10	FKSH11	0.75974	243.8639	394.439	239.8256	III
11	FKSH14	0.887412	205.346	387.683	236.5613	III
12	FKSH17	0.22203	204.7161	288.732	543.956	II
13	GIFH16	0.181906	538.2937	26.261	830.7692	I_1
14	GIFH24	1.021253	564.3714	4.759	907.563	I_1
15	IBRH14	0.349738	257.7758	393.074	829.1214	I_1
16	IBRH19	0.259845	323.4763	210.613	692.3077	I_1
17	IBUH03	3.074302	513.002	73.993	111.1141	IV
18	IKRH02	1.293477	578.7036	26.236	127.7027	IV
19	IWTH20	0.448911	209.3972	399.395	288.75	II
20	KSRH01	1.558042	602.5645	26.349	215.4255	III
21	KSRH02	0.740292	567.9432	17.991	219.1429	III
22	KSRH07	0.532408	573.7881	22.271	204.1037	III
23	KYTH05	3.452976	747.3611	9.78	133.1579	III
24	NGNH17	0.41616	440.3261	20.806	608.6957	II
25	NGNH22	0.978166	496.5704	19.057	938.5027	I_1
26	NIGH15	0.548121	360.4054	10.002	685.7765	I_1
27	NMRH04	0.364674	619.4553	23.4	168.1034	IV
28	OSKH05	1.416786	757.6667	8.042	167.1429	IV
29	RMIH02	2.55703	760.0514	4.849	154.8913	IV
30	RMIH03	1.495062	732.4048	5.472	186.8327	IV
31	SOYH02	1.731369	793.5982	6.44	118.4211	IV

续表 3-7

序号	台站名称	特征周期	震中距	PGA/gal	v_{S30}	场地类别
32	TCGH07	0.120348	330.1474	188.323	419.4915	II
33	TCGH17	0.489228	306.0118	33.109	1432.751	I_1
34	TKCH07	0.834051	527.1069	32.279	140.1274	III
35	TKYH13	0.383899	426.3728	90.939	1110.057	I_1
36	TYMH06	0.917152	532.4683	7.059	570	I_1
37	YMNH09	0.66872	501.2542	18.347	768.3809	I_1
38	YMNH13	2.064801	500.6589	19.012	788.4097	II
39	YMTH04	0.222274	224.4818	222.392	247.619	III
40	YMTH13	0.773254	273.873	20.715	576.9706	II

上述 40 个台站及其在 2011 年东日本大地震中所采集地震动的选取原则为：

（1）选取台站的场地信息较为完备。要求所有台站所在场地的土层信息完备，以便于确定台站场地的场地类型等参数。本节选取的 40 个台站都具有较为完备的土层信息，并根据所得土层信息按照我国 2010 版建筑抗震设计规范对台站场地类型进行了分类，且保证 40 个台站中 4 个类型场地所占比例基本相同。40 个台站中不同场地类型所占比例如图 3-12 所示，不同台站的 30 米等效剪切波速 v_{s30} 数据如图 3-13 所示。

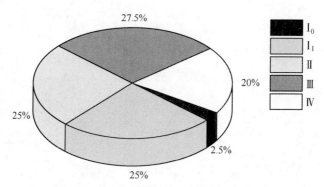

图 3-12　台站不同场地类型分布比例

（2）忽略震级、震源深度等因素对反应谱的影响，故选用 40 个台站在同一地震事件中采集的地震动数据。本节选取 2011 年 3 月 11 日 9.0 级东日本大地震中所得强震动数据。

（3）强震动加速度记录峰值不宜过大。鉴于一般场地在 PGA 小于 200 ~ 300gal 的强震动加速度作用下不易发生非线性反应[5]，而土层的非线性反应会影响反应谱的形状，所以在选取强震动加速度记录时应选择 PGA 偏小的记录，同

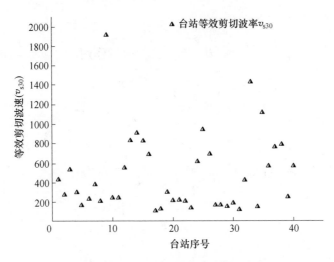

图 3-13 不同台站等效剪切波速

时为兼顾长周期反应谱的样本数量也宜选择一部分 PGA 较大的记录。本节所选取的 40 条强震加速度记录中，有 70% 的记录 PGA 小于 100gal。40 条强震加速度记录 PGA 各分档所占比例如图 3-14 所示。

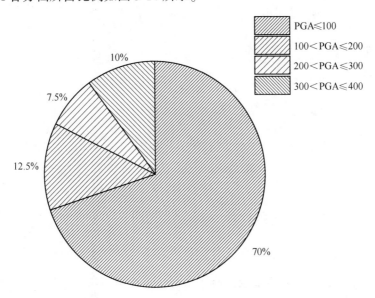

图 3-14 地震动 PGA 不同分档所占比例

按照上述原则选择出 40 条强震加速度记录后，分别计算出每条记录对应台站的震中距和按照式（3-33）算得的每条记录特征周期数据，如图 3-15 与图 3-16 所示。

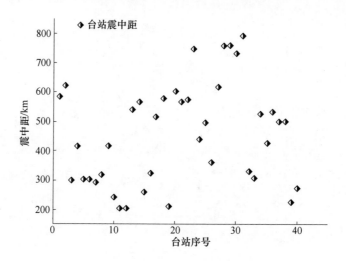

图 3-15　不同台站日本 311 地震中震中距数据

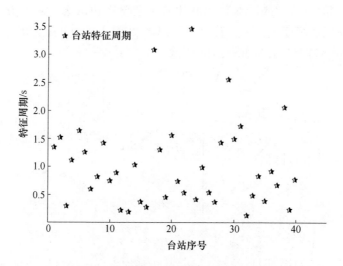

图 3-16　不同台站特征周期计算数据

3.4.5.2　阻尼效应修正系数计算公式拟合

综合考虑国内外现存阻尼效应修正系数计算公式的特点和阻尼效应修正系数影响因素分析结果，本节在拟合新的阻尼效应计算公式时，主要考虑两个影响因素：阻尼比和特征周期。并且，本节所拟合的阻尼效应计算公式用来计算阻尼比变化时中长周期段速度反应谱幅值的变化情况。

因此，公式拟合过程可分为 4 个阶段：

阶段一：强震加速度记录的处理。本阶段主要包括强震加速度记录数据格式转换、各加速度记录在各种阻尼比条件下对应反应谱计算（包括加速度反应谱和速度反应谱）、震中距计算等数据处理工序。本节使用 MATLAB 软件编程对 40 条地震动进行了反应谱计算以及各地震动对应震中距估计工作，共得到各地震动在阻尼比为 0、0.02、0.05、0.10、0.15、0.20、0.25、0.3、0.4 时包括加速度反应谱、速度反应谱在内的 720 组反应谱数据，并按照式（3-36）算得每条地震动的震中距数据。

$$Dis = R_{earth} \times \arccos\left[\cos\left(\frac{\pi N_0}{180}\right) \times \cos\left(\frac{\pi N_x}{180}\right) \times \cos\left(\frac{\pi E_0}{180} - \frac{\pi E_x}{180}\right) + \sin\left(\frac{\pi N_0}{180}\right) \times \sin\left(\frac{\pi N_x}{180}\right) \right] \tag{3-36}$$

式中，R_{earth} 为地球半径，km；N_0 为震中纬度；N_x 为台站纬度；E_0 为震中经度；E_x 为台站经度。

阶段二：数据结果关键信息提取。本阶段主要包括特征周期计算，通过将各阻尼比对应的速度反应谱与初始阻尼比（一般为 0.05）对应的速度反应谱相除得到数据样本，将数据样本进行降维处理等工作。其中每条地震动特征周期的计算按照式（3-33）与式（3-34）进行，数据样本主要是指阻尼比为 0.02、0.05、0.10、0.15、0.20、0.25、0.3、0.4 的速度反应谱与阻尼比为 0.05 的速度反应谱相除后得到的阻尼效应修正系数。数据样本降维处理的主要工作内容是将具有时间（单自由度结构体系自振周期，即反应谱横坐标项）、特征周期、阻尼效应修正系数（自变量）、阻尼效应修正系数（因变量）等四维特征的数据样本进行降低维度的操作，以降低公式拟合工作的难度和不确定性。

考虑到公式拟合时主要考虑特征周期和阻尼比两项影响因素，且速度反应谱在中长周期段具有幅值随周期的变化而变化不明显的特性，因此本节的样本数据降维操作主要包括两大部分内容：第一部分工作，确定中长周期段的速度反应谱阻尼效应修正系数数值大小，此处数值大小的确定方式是将基本周期在 0.8 ~ 3.0s 区间的速度反应谱阻尼效应修正系数求和取平均，经过第一部分工作可以消去数据样本中反应谱横坐标项；第二部分工作，将地震动的特征周期与阻尼比变化特征两个参数经过数学运算合并成一个参数，本节参数合并工作主要按照式（3-37）进行：

$$x = (\xi - 0.05)T_g \tag{3-37}$$

本节采用式（3-37）进行参数合并的主要考量是，当且仅当阻尼比为 0.05 时反应谱阻尼效应修正系数与特征周期无关，这一特征与初始阻尼比假定为 0.05 有直接关联。

经过阶段二的全部工作后，可将四维的数据样本降低为二维的数据样本。这样可以大大提高公式拟合的效率和精确度。

　　阶段三：公式拟合及公式相关性检验。数据样本处理完毕后，本节采用 1stopt 软件进行公式拟合。通过使用 1stopt 软件自带的"通用全局优化算法"和"麦夸特法（Levenberg-Marquardt）"优化算法的自动搜索拟合功能，共得到 48 个相关系数在 0.9 以上的拟合公式结果。所得 48 个拟合公式见表 3-8。

表 3-8　48 个公式及其相关系数

序号	公　式	相关系数
1	$y=(p_1+p_3x+p_5x^2+p_7x^3+p_9x^4+p_{11}x^5+p_{13}x^6+p_{15}x^7+p_{17}x^8)/$ $(1+p_2x+p_4x^2+p_6x^3+p_8x^4+p_{10}x^5+p_{12}x^6+p_{14}x^7+p_{16}x^8)$	0.949
2	$y=(p_1+p_3x+p_5x^2+p_7x^3+p_9x^4+p_{11}x^5+p_{13}x^6+p_{15}x^7+p_{17}x^8)/$ $(1+p_2x+p_4x^2+p_6x^3+p_8x^4+p_{10}x^5+p_{12}x^6+p_{14}x^7+p_{16}x^8+p_{18}x^9)$	0.949
3	$y=(p_1+p_3x+p_5x^2+p_7x^3+p_9x^4+p_{11}x^5+p_{13}x^6+p_{15}x^7)/$ $(1+p_2x+p_4x^2+p_6x^3+p_8x^4+p_{10}x^5+p_{12}x^6+p_{14}x^7)$	0.949
4	$y=(p_1+p_3x+p_5x^2+p_7x^3+p_9x^4+p_{11}x^5+p_{13}x^6+p_{15}x^7+p_{17}x^8+p_{19}x^9+p_{21}x^{10})/$ $(1+p_2x+p_4x^2+p_6x^3+p_8x^4+p_{10}x^5+p_{12}x^6+p_{14}x^7+p_{16}x^8+p_{18}x^9+p_{20}x^{10})$	0.949
5	$y=(p_1+p_3x+p_5x^2+p_7x^3+p_9x^4+p_{11}x^5+p_{13}x^6)/$ $(1+p_2x+p_4x^2+p_6x^3+p_8x^4+p_{10}x^5+p_{12}x^6+p_{14}x^7)$	0.949
6	$y=(p_1+p_3x+p_5x^2+p_7x^3+p_9x^4+p_{11}x^5+p_{13}x^6+p_{15}x^7+p_{17}x^8+p_{19}x^9)/$ $(1+p_2x+p_4x^2+p_6x^3+p_8x^4+p_{10}x^5+p_{12}x^6+p_{14}x^7+p_{16}x^8+p_{18}x^9)$	0.949
7	$y=(p_1+p_3x+p_5x^2+p_7x^3+p_9x^4+p_{11}x^5)/(1+p_2x+p_4x^2+p_6x^3+p_8x^4+p_{10}x^5+p_{12}x^6)$	0.949
8	$y=(p_1+p_3x+p_5x^2+p_7x^3+p_9x^4+p_{11}x^5)/(1+p_2x+p_4x^2+p_6x^3+p_8x^4+p_{10}x^5)$	0.949
9	$y=(p_1+p_3x+p_5x^2+p_7x^3+p_9x^4+p_{11}x^5+p_{13}x^6)/(1+p_2x+p_4x^2+p_6x^3+p_8x^4+p_{10}x^5+p_{12}x^6)$	0.949
10	$y=(p_1+p_3x+p_5x^2+p_7x^3+p_9x^4+p_{11}x^5+p_{13}x^6+p_{15}x^7+p_{17}x^8+p_{19}x^9)/$ $(1+p_2x+p_4x^2+p_6x^3+p_8x^4+p_{10}x^5+p_{12}x^6+p_{14}x^7+p_{16}x^8+p_{18}x^9+p_{20}x^{10})$	0.949
11	$y=(p_1+p_3x+p_5x^2+p_7x^3+p_9x^4)/(1+p_2x+p_4x^2+p_6x^3+p_8x^4+p_{10}x^5)$	0.949
12	$y=(p_1+p_3x+p_5x^2+p_7x^3+p_9x^4)/(1+p_2x+p_4x^2+p_6x^3+p_8x^4)$	0.949
13	$y=(p_1+p_3x+p_5x^2+p_7x^3+p_9x^4+p_{11}x^5+p_{13}x^6+p_{15}x^7)/$ $(1+p_2x+p_4x^2+p_6x^3+p_8x^4+p_{10}x^5+p_{12}x^6+p_{14}x^7+p_{16}x^8)$	0.948
14	$y=(p_1+p_3x+p_5x^2+p_7x^3)/(1+p_2x+p_4x^2+p_6x^3+p_8x^4)$	0.947
15	$y=(p_1+p_3x+p_5x^2+p_7x^3)/(1+p_2x+p_4x^2+p_6x^3)(p_1+p_3x+p_5x^2+p_7x^3)/(1+p_2x+p_4x^2+p_6x^3)$	0.945
16	$y=(p_1+p_3x+p_5x^2)/(1+p_2x+p_4x^2+p_6x^3)$	0.941
17	$y=(p_1+p_3x+p_5x^2)/(1+p_2x+p_4x^2+p_6x^3)$	0.941
18	$y=p_1\exp(-p_2x)+p_3\exp(-((x-p_4)^2/p_5^2))+p_6\exp(-((x-p_7)^2/p_8^2))$	0.941

序号	公　式	相关系数
19	$y=\mathrm{sqr}((p_1+p_3x+p_5x^2)/(1+p_2x+p_4x^2+p_6x^3))$	0.940
20	$y=p_1\arctan(p_2x)+p_3$	0.939
21	$y=\exp((p_1+p_3x+p_5x^2)/(1+p_2x+p_4x^2+p_6x^3))$	0.938
22	$y=\exp((p_1+p_3x+p_5x^2)/(1+p_2x+p_4x^2))$	0.937
23	$y=\exp((p_1+p_3x+p_5x^2)/(1+p_2x+p_4x^2))$	0.937
24	$y=\mathrm{sqr}((p_1+p_3x+p_5x^2)/(1+p_2x+p_4x^2))$	0.937
25	$y=\mathrm{sqr}((p_1+p_3x+p_5x^2)/(1+p_2x+p_4x^2))$	0.937
26	$y=(p_1+p_3x+p_5x^2)/(1+p_2x+p_4x^2)$	0.937
27	$y=(p_1+p_3x+p_5x^2)/(1+p_2x+p_4x^2)$	0.937
28	$y=1/(p_1(x+p_2)^2+p_3)+p_4$	0.934
29	$y=p_1+p_2/(1+((x-p_3)/p_4)^2)$	0.934
30	$y=p_1+p_2\exp(-\exp(-((x-p_4\ln(\ln(2))-p_3)/p_4)))$	0.934
31	$y=p_1-\exp(-\exp(-p_2(x-p_3)))$	0.933
32	$y=p_1+p_2x+p_3x^2+p_4x^3+p_5x^4+p_6x^5+p_7x^6+p_8x^7+p_9x^8+p_{10}x^9+p_{11}x^{10}+p_{12}x^{11}+p_{13}x^{12}$	0.932
33	$y=p_1+p_2x+p_3x^2+p_4x^3+p_5x^4+p_6x^5+p_7x^6+p_8x^7+p_9x^8+p_{10}x^9+p_{11}x^{10}$	0.932
34	$y=p_1+p_2x+p_3x^2+p_4x^3+p_5x^4+p_6x^5+p_7x^6+p_8x^7+p_9x^8+p_{10}x^9+p_{11}x^{10}+p_{12}x^{11}$	0.932
35	$y=p_1+p_2/(p_3(p_i/2)^{0.5})\exp(-2(x-p_4)^2/p_3^2)$	0.931
36	$y=p_1+p_2x+p_3x^2+p_4x^3+p_5x^4+p_6x^5+p_7x^6+p_8x^7+p_9x^8+p_{10}x^9+p_{11}x^{10}+p_{12}x^{11}+p_{13}x^{12}+p_{14}x^{13}$	0.931
37	$y=p_1+p_2x+p_3x^2+p_4x^3+p_5x^4+p_6x^5+p_7x^6+p_8x^7+p_9x^8+$ $p_{10}x^9+p_{11}x^{10}+p_{12}x^{11}+p_{13}x^{12}+p_{14}x^{13}+p_{15}x^{14}$	0.930
38	$y=p_1/(1+p_2\exp(p_3x))+p_4$	0.929
39	$y=p_1/(1+\exp(p_2(x-p_3)))+p_4$	0.929
40	$y=p_1+p_2/(1+\exp(-(x-p_3)/p_4))$	0.929
41	$y=p_1+p_2x+p_3x^2+p_4x^3+p_5x^4+p_6x^5+p_7x^6+p_8x^7+p_9x^8+p_{10}x^9+$ $p_{11}x^{10}+p_{12}x^{11}+p_{13}x^{12}+p_{14}x^{13}+p_{15}x^{14}+p_{16}x^{15}$	0.929
42	$y=p_1+p_2x+p_3x^2+p_4x^3+p_5x^4+p_6x^5+p_7x^6+p_8x^7+p_9x^8+p_{10}x^9$	0.929
43	$y=p_1+p_2p_4\exp(-0.5(x-p_3)^2/(p_5^2+p_4^2))(1+\mathrm{erf}(p_5(x-p_3)/$ $((2(p_5^2+p_4^2))^{0.5}p_4)))/(p_5^2+p_4^2)^{0.5}$	0.927

序号	公　　式	相关系数
44	$y = p_1 + 0.5p_2(1 + \text{erf}((x-p_3)/(2^{0.5}p_4)))$	0.927
45	$y = p_1 + p_2\exp(-0.5\text{Abs}(x-p_3)(2/p_5)/p_4)$	0.924
46	$y = p_1 + p_2x + p_3x^2 + p_4x^3 + p_5x^4 + p_6x^5 + p_7x^6 + p_8x^7 + p_9x^8$	0.920
47	$y = 1/(p_1 + p_2x + p_3x^2 + p_4x^3 + p_5x^4 + p_6x^5)$	0.908
48	$y = p_1 + p_2x + p_3x^2 + p_4x^3 + p_5x^4 + p_6x^5 + p_7x^6 + p_8x^7$	0.906

注：表中各公式，y 为因变量，x 为自变量，其他参数以 p_1、p_2、p_3、…表示。

虽然表 3-8 中全部公式都具有较高的相关系数，但实际应用过程要求公式具有便于操作、形式简洁、精度较高的特点。因此，本节选择表 3-8 中序号为 20 的公式作为拟合公式的最终形式。拟合后得到公式的各参数以及公式最终表达形式见式（3-38）。

$$D_\xi(\xi, T_g) = 1 - P_1\arctan[P_2 \times (\xi - \xi_0)T_g]$$
$$= 1 - 0.323\arctan[46.05 \times (\xi - 0.05)T_g] \qquad (3\text{-}38)$$

拟合得出的式（3-38），其相关系数 $R = 0.939$，均方差 $D = 0.107$，残差平方和 $Rss = 3.652$，卡方系数 $\chi = 2.778$，F 统计值 $F = 2355.355$。

其中卡方系数是卡方检验的一个重要指标，卡方系数的大小可以表征统计样本实际观测值与理论计算值之间的偏离程度，卡方系数越大，实际观测值与理论计算值偏差越小；反之，亦然。而 F 统计值是 F 检验的主要指标，F 统计值在一定程度上表征了回归模型的方差与残差的比值（残差就是总方差减去回归模型的方差）。理论上来说，F 统计值越大，表示残差越小、模拟的精度越高，通过 F 检验的可能性就越大。

从拟合结果得出的统计学指标以及公式的基本形式可以看出，式（3-38）具有便于操作、形式简洁、精度较高的特征。使用式（3-38）算得的理论计算值与样本实测值之间的对应关系如图 3-17 所示。

对于本节拟合的速度反应谱阻尼效应修正系数计算公式，应注意其使用条件。

首先，本节拟合得到的式（3-38）适用于速度反应谱在中长周期段的阻尼效应影响系数的计算，即只可直接应用于估计和计算当阻尼比从 0.05 变为其他数值时中长周期段速度反应谱幅值变化程度。

其次，由于拟合公式过程中只选择了阻尼比在 0.02~0.4 之间变化的数据样本，所以式（3-38）使用时 ξ 应在 0.02~0.4 之间选择。即式（3-38）不适用于评估阻尼比在区间 [0.02，0.4] 之外变化的中长周期段速度反应谱幅值的变化情况，可以说的 ξ 适用范围不具有外延性。

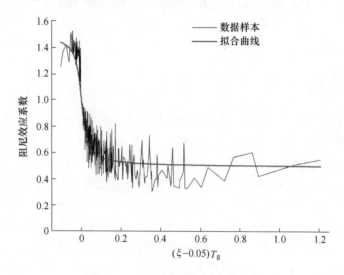

图 3-17 理论计算值与样本值对比

4 刚度串联式结构减震性能
曲线及减震设计方法研究

4.1 引言

第3章基于反应谱理论的减震结构基本原理揭示了消能减震结构实现降低结构地震反应的本质原因，同时结合速度反应谱的曲线特征和减震结构阻尼效应（即因结构阻尼比增加而导致结构地震反应降低的效应）阐述了中长周期段速度反应谱的阻尼效应修正系数的重要性并对其计算公式进行了回归拟合。得到中长周期段速度反应谱阻尼效应修正系数计算公式后，根据弹塑性反应谱等效线性化方法的基本思想和三类弹性反应谱（加速度反应谱、速度反应谱、位移反应谱）之间的关系可对单自由度减震系统的减震性能进行评估。进行减震结构减震性能评估工作的主要目的是在理清单自由度减震系统减震性能主要影响因素的基础上对减震结构的设计提供必要的理论指导。

本章首先根据刚度串联式减震系统中阻尼器、原结构、减震结构的动力学模型确定减震结构体系的滞回曲线以及减震系统组成部分的动力学指标表达式；然后基于弹塑性反应谱等效线性化方法的基本思想确定刚度串联式减震系统等效周期与等效阻尼比计算公式，并根据减震结构基本原理提出刚度串联式减震系统减震性能曲线；最后分析减震结构性能曲线的物理意义、用途以及使用方法，提出基于减震结构性能曲线的减震结构设计方法。

4.2 滞回曲线

对于阻尼器刚度与建筑结构刚度串联的减震结构，阻尼器、原结构、减震结构的动力学模型可简化为图4-1所示的单自由度体系。

本章所研究的减震结构采用的阻尼器类型为软钢阻尼器。

阻尼器、原结构、减震结构的滞回曲线采用如图4-2所示的滞回模型。其中阻尼器的滞回曲线采用的是理想弹塑性模型，原结构力学性能假定为线弹性模型。根据力学关系，可以确定阻尼器刚度与原结构刚度串联后的减震结构的滞回曲线亦为理想弹塑性模型。

确定阻尼器、原结构以及减震结构的滞回曲线后，可分别确定阻尼器、原结构、减震结构的主要力学参数，包括结构体系的动力特征、结构反应的力学指标

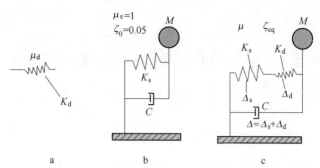

图 4-1 减震结构体系单自由度体系力学模型

a—阻尼器；b—原结构；c—减震结构

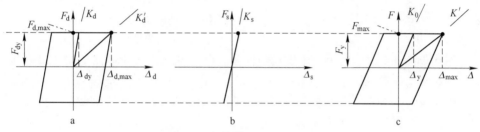

图 4-2 减震结构体系滞回模型

a—阻尼器；b—原结构；c—减震结构

等参数。阻尼器、原结构、减震结构的主要力学参数以及各参数之间的关系见表 4-1。

表 4-1 减震结构体系动力特征及结构反应参数计算公式一览表

参数	阻尼器	原结构	减震结构
质量	0	M	M
弹性刚度	K_d	K_s	$K_0 = \dfrac{K_d K_s}{K_d + K_s}$
等效刚度	$K'_d = \dfrac{K_d}{\mu_d}$	K_s	$K_{eq} = \dfrac{K_d K_s}{K_d + \mu_d K_s}$
屈服位移	Δ_{dy}		$\Delta_y = \Delta_{dy}\left(1 + \dfrac{K_d}{K_s}\right)$
最大位移	$\Delta_{d,max}$		$\Delta_{max} = \Delta_{dy}\left(\mu_d + \dfrac{K_d}{K_s}\right)$
延性系数	μ_d	$\mu_s = 1$	$\mu = \dfrac{\mu_d K_s + K_d}{K_s + K_d}$
屈服力	F_{dy}		$F_y = F_{dy}$
最大力	F_{dy}	F_{dy}	$F_{max} = F_{dy}$

其中等效刚度是指结构最大位移对应的力除以最大位移所得的商。

由表 4-1 中的各种参数的计算公式可以反演出各力学参数之间的关系。例如，当已知主结构的弹性刚度、阻尼器的弹性刚度以及阻尼器的延性系数，根据表 4-1 中的公式 $\mu = \dfrac{\mu_d K_s + K_d}{K_s + K_d}$ 可求得减震结构的延性系数。

4.3 减震结构性能评价基本原理

为使减震结构的消能减震性能能够得到合理的评估，首先定义两个无量纲的参数：基底剪力降低率、最大位移降低率[100]。其中基底剪力降低率的计算公式为：

$$基底剪力降低率 \ R_a = \frac{减震结构基底剪力}{原结构基底剪力} \tag{4-1}$$

对于如图 4-1 所示的单自由度动力体系，其基底剪力等于结构的最大加速度反应与结构质量的乘积。由反应谱原理可知，单自由度体系在地震动作用下的最大加速度反应即为该单自由度体系自振周期所对应的加速度反应谱幅值，所以基底剪力降低率计算公式可变换为：

$$基底剪力降低率 \ R_a = \frac{减震结构基底剪力}{原结构基底剪力} = \frac{S_{a,\,减}}{S_{a,\,原}} \tag{4-2}$$

式中，$S_{a,减}$ 为减震结构的等效周期、等效阻尼比条件下对应的加速度反应谱幅值；$S_{a,原}$ 为原结构的基本周期、初始阻尼比条件下对应的加速度反应谱幅值。

对于刚度串联式减震结构，最大位移降低率计算公式为：

$$最大位移降低率 \ R_d = \frac{减震结构位移 - 阻尼器位移}{原结构位移} = \frac{S_{d,\,减}}{S_{d,\,原}}\left(1 - \frac{K_{eq}}{K_d}\right) \tag{4-3}$$

式中，$S_{d,减}$ 为减震结构的等效周期、等效阻尼比条件下对应的位移反应谱幅值；$S_{d,原}$ 为原结构的基本周期、初始阻尼比条件下所对应的位移反应谱幅值；K_d 为阻尼器刚度；K_{eq} 为刚度串联式减震结构等效刚度。

由式（3-14）可知，加速度反应谱、速度反应谱、位移反应谱三者之间存在对等变换关系，所以式（4-2）与式（4-3）均可以以速度反应谱的形式给出：

$$R_a = \frac{S_{a,\,减}}{S_{a,\,原}} = \frac{S_{v,\,减} T_s}{S_{v,\,原} T_{eq}} \tag{4-4}$$

$$R_d = \frac{S_{d,\,减}}{S_{d,\,原}} = \frac{S_{v,\,减} T_{eq}}{S_{v,\,原} T_s}\left(1 - \frac{K_{eq}}{K_d}\right) \tag{4-5}$$

式（4-4）与式（4-5）中，$S_{v,减}$ 为减震结构的等效周期、等效阻尼比条件下对应的速度反应谱幅值；$S_{v,原}$ 为原结构的基本周期、初始阻尼比条件下对应的速度反应谱幅值；T_s 为原结构的基本周期；T_{eq} 为减震结构的等效周期。

对于按照式（4-4）与式（4-5）算得的基底剪力降低率和最大位移降低率，当二者都小于 1 时，可认为减震结构的结构性能优于原结构。

从式（4-4）与式（4-5）中各参数的物理意义可知，在原结构基本周期、初始阻尼比已知的情况下，唯有首先求得减震结构的等效周期和等效阻尼比才可根据式（4-4）与式（4-5）求得基底剪力降低率和最大位移降低率。

4.4 等效周期的计算

减震结构等效周期可根据第 3 章中提到的等效线性化理论求解获得。

由表 4-1 和图 4-1c 可知，减震结构与原结构的总质量相同，则减震结构等效周期与原结构基本周期之间满足如下关系式：

$$\frac{T_{eq}}{T_s} = \sqrt{\frac{K_s}{K_{eq}}} \tag{4-6}$$

对于减震结构，其等效刚度一般取为结构最大位移时对应的力除以最大位移所得的商，即减震结构的等效刚度等于减震结构的储存刚度。根据式（4-6），可得减震结构等效周期的计算公式为：

$$T_{eq} = T_s\sqrt{\frac{K_s}{K_{eq}}} = T_s\sqrt{\frac{\dfrac{K_s}{K_d K_s}}{K_d + \mu_d K_s}} = T_s\sqrt{\frac{K_d + \mu_d K_s}{K_d}} \tag{4-7}$$

4.5 等效阻尼比的计算

当具有如图 4-2c 所示的恢复力特性的单自由度动力体系作等幅运动时，即在平稳状态下，等效阻尼比可根据结构在一个循环内滞回吸收能量 W_P 和弹性能量 W_E 之间的关系算得。W_P 和 W_E 示意图如图 4-3 所示。稳态反应状态下减震结构的等效阻尼比计算公式为：

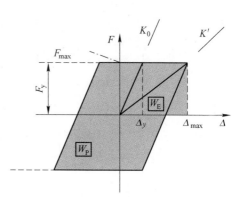

图 4-3 滞回吸收能量与弹性能量示意图

$$\xi_{eq}^{ss} = \xi_0 + \frac{W_P}{4\pi W_E} \tag{4-8}$$

对于如图 4-2c 所示的滞回曲线，式（4-8）中 W_P 和 W_E 的计算公式为：

$$W_P = 4(\Delta_{max} - \Delta_y)F_{max} = 4\Delta_y^2(\mu - 1)K_0$$

$$= 4\Delta_{\mathrm{dy}}^2 \left(1 + \frac{K_\mathrm{d}}{K_\mathrm{s}}\right)^2 \left(\frac{\mu_\mathrm{d} K_\mathrm{s} - K_\mathrm{s}}{K_\mathrm{s} + K_\mathrm{d}}\right) \frac{K_\mathrm{s} K_\mathrm{d}}{K_\mathrm{s} + K_\mathrm{d}}$$

$$= 4\Delta_{\mathrm{dy}}^2 \left(\frac{\mu_\mathrm{d} K_\mathrm{s} - K_\mathrm{s}}{K_\mathrm{s}}\right) K_\mathrm{d} = 4\Delta_{\mathrm{dy}}^2 (\mu_\mathrm{d} - 1) K_\mathrm{d} \tag{4-9}$$

$$W_\mathrm{E} = \frac{1}{2} \Delta_{\max} F_{\max} = \frac{1}{2} \Delta_{\max}^2 K'$$

$$= \frac{1}{2} \Delta_{\mathrm{dy}}^2 \left(\mu_\mathrm{d} + \frac{K_\mathrm{d}}{K_\mathrm{s}}\right)^2 \frac{K_\mathrm{s} K_\mathrm{d}}{\mu_\mathrm{d} K_\mathrm{s} + K_\mathrm{d}}$$

$$= \frac{1}{2} \Delta_{\mathrm{dy}}^2 \frac{(\mu_\mathrm{d} K_\mathrm{s} + K_\mathrm{d}) K_\mathrm{d}}{K_\mathrm{s}} \tag{4-10}$$

将式 (4-9) 和式 (4-10) 带入式 (4-8), 可得:

$$\xi_{\mathrm{eq}}^{\mathrm{ss}}(\mu_\mathrm{d}) = \xi_0 + \frac{W_\mathrm{P}}{4\pi W_\mathrm{E}} = \xi_0 + \frac{2}{\pi} \frac{\mu_\mathrm{d} - 1}{\mu_\mathrm{d} + \dfrac{K_\mathrm{d}}{K_\mathrm{s}}} \tag{4-11}$$

考虑到结构在随机振动时结构位移反应在 $0 \sim \Delta_{\max}$ 之间变化, 并且阻尼器变形只有在 $\Delta_\mathrm{y} \sim \Delta_{\max}$ 之间变化时才处于塑性耗能状态, 因此实际情况下减震结构等效阻尼比应取整个振动过程中的平均值。所以, 减震结构等效阻尼比的计算公式应为:

$$\xi_{\mathrm{eq}}(\mu_\mathrm{d}) = \frac{1}{\mu_\mathrm{d} - 1} \int_1^{\mu_\mathrm{d}} \left(\xi_0 + \frac{2}{\pi} \frac{\mu_\mathrm{d}(x) - 1}{\mu_\mathrm{d}(x) + \dfrac{K_\mathrm{d}}{K_\mathrm{s}}}\right) \mathrm{d}\mu_\mathrm{d}(x)$$

$$= \xi_0 + \frac{2}{\pi(\mu_\mathrm{d} - 1)} \int_1^{\mu_\mathrm{d}} \left(1 - \frac{\dfrac{K_\mathrm{d}}{K_\mathrm{s}} + 1}{\mu_\mathrm{d}(x) + \dfrac{K_\mathrm{d}}{K_\mathrm{s}}}\right) \mathrm{d}\mu_\mathrm{d}(x)$$

$$= \xi_0 + \frac{2}{\pi} - \frac{2}{\pi(\mu_\mathrm{d} - 1)} \int_1^{\mu_\mathrm{d}} \left(\frac{\dfrac{K_\mathrm{d}}{K_\mathrm{s}} + 1}{\mu_\mathrm{d}(x) + \dfrac{K_\mathrm{d}}{K_\mathrm{s}}}\right) \mathrm{d}\mu_\mathrm{d}(x)$$

$$= \xi_0 + \frac{2}{\pi} - \frac{2\left(\dfrac{K_\mathrm{d}}{K_\mathrm{s}} + 1\right)}{\pi(\mu_\mathrm{d} - 1)} \int_{\frac{K_\mathrm{d}}{K_\mathrm{s}} + 1}^{\mu_\mathrm{d} + \frac{K_\mathrm{d}}{K_\mathrm{s}}} \left(\frac{1}{\mu_\mathrm{d}(x) + \dfrac{K_\mathrm{d}}{K_\mathrm{s}}}\right) \mathrm{d}\left(\mu_\mathrm{d}(x) + \frac{K_\mathrm{d}}{K_\mathrm{s}}\right)$$

$$= \xi_0 + \frac{2}{\pi} - \frac{2\left(\dfrac{K_d}{K_s} + 1\right)}{\pi(\mu_d - 1)}\left[\ln\left(\mu_d + \frac{K_d}{K_s}\right) - \ln\left(\frac{K_d}{K_s} + 1\right)\right]$$

$$= \xi_0 + \frac{2}{\pi} - \frac{2\left(\dfrac{K_d}{K_s} + 1\right)}{\pi(\mu_d - 1)}\ln\left(\frac{\mu_d + \dfrac{K_d}{K_s}}{\dfrac{K_d}{K_s} + 1}\right) \tag{4-12}$$

根据式 (4-12)，可以计算出减震结构在地震动作用下阻尼器因滞回耗能产生的等效阻尼比。此外，根据减震结构系统各力学参数的物理意义可知，当阻尼器延性系数为 1 时，减震结构的等效阻尼比应与原结构初始阻尼比相同。

4.6 考虑周期变化的速度反应谱修正

前文提到，由于速度反应谱在中长周期段存在反应谱幅值不随自振周期的变化而变化的特点，且速度反应谱与加速度反应谱和位移反应谱均存在对等变换关系，所以评估减震结构性能时采用速度反应谱进行相关计算。

根据图 3-2b 所示的速度反应特性可知，速度反应谱在结构自振周期大于特征周期时幅值才是常数。一般情况下设计速度反应谱的表达式为：

$$\begin{cases} S_v = \dfrac{T}{T_g}S_{v,\,max}, \ 0 \leqslant T < T_g \\ S_v = S_{v,\,max}, \ T_g \leqslant T \end{cases} \tag{4-13}$$

式中，$S_{v,max}$ 为设计加速度反应谱平台段幅值；T_g 为特征周期。

假设阻尼器刚度与原结构刚度串联后减震结构的弹性基本周期为 T_0，则其计算公式为：

$$T_0 = T_s\sqrt{\frac{K_s}{K_0}} = T_s\sqrt{\frac{\dfrac{K_s}{K_d K_s}}{K_d + K_s}} = T_s\sqrt{\frac{K_d + K_s}{K_d}} \tag{4-14}$$

在地震动作用下减震结构将经历若干个最大位移不尽相同的滞回循环，每个大小不同的滞回环中减震结构的延性系数不相同，由式 (4-7) 可知延性系数不同时减震结构的等效周期亦不同。一般情况下，在地震动作用下减震结构的基本周期在 T_0 与 T_{eq} 之间变动。因此，减震结构最大速度反应不应取 T_{eq} 所对应的速度反应谱幅值，而应取 T_0 至 T_{eq} 之间速度反应谱幅值的平均值，即：

$$\overline{S}_v = \frac{1}{T_{eq} - T_0}\int_{T_0}^{T_{eq}} S_v(T)\,\mathrm{d}T \tag{4-15}$$

对于刚度串联式减震结构，当 $T_0 \geqslant T_g$ 时，说明这之间所有基本周期对应的速度反应谱幅值均处于平台段，故而有：

$$\bar{S}_v = S(T_{eq}) = S(T_0) \tag{4-16}$$

综上所述，当采用式（4-4）与式（4-5）使用速度反应谱评估减震结构消能减震性能时，若减震结构弹性变形阶段基本周期 T_0 小于 T_g，应使用式（4-15）对减震结构的速度反应谱幅值进行修正；若减震结构弹性变形阶段基本周期 T_0 大于 T_g，减震结构的速度反应谱幅值可取等效周期 T_{eq} 对应的速度反应谱幅值。

4.7　减震性能曲线

4.7.1　减震性能曲线力学原理及其绘制方法

在 4.3 节中提到，采用以式（4-4）与式（4-5）计算的基底剪力降低系数和最大位移降低系数为评价指标对减震结构的减震性能进行评价。其中基底剪力降低系数和最大位移降低系数在计算过程中都将用到减震结构的速度反应谱幅值和原结构速度反应谱幅值。

对于基本周期处于中长周期区段建筑结构，其速度反应谱幅值只随阻尼比的变化而变化，不随周期的变化而变化。因此，减震结构速度反应谱幅值与原结构速度反应谱幅值之比可以用阻尼比效应系数来表示，即：

$$D_\xi = \frac{S_{v,\text{减}}}{S_{v,\text{原}}} \tag{4-17}$$

因此式（4-4）与式（4-5）可变换为：

$$R_a = \frac{S_{a,\text{减}}}{S_{a,\text{原}}} = D_\xi \frac{T_s}{T_{eq}} \tag{4-18}$$

$$R_d = \frac{S_{d,\text{减}}}{S_{d,\text{原}}}\left(1 - \frac{K_{eq}}{K_d}\right) = D_\xi \frac{T_{eq}}{T_s}\left(1 - \frac{K_{eq}}{K_d}\right) \tag{4-19}$$

由第 3 章拟合得到的速度反应谱阻尼效应修正系数计算式（3-38）可知，速度反应谱阻尼效应修正系数 D_ξ 只与等效阻尼比 ξ_{eq}、初始阻尼比 ξ_0（取值为 0.05）、特征周期 T_g 有关。将式（3-38）带入式（4-18）与式（4-19）可得：

$$R_a = D_\xi \frac{T_s}{T_{eq}} = \left\{1 - 0.323\arctan[46.05 \times (\xi_{eq} - 0.05) \times T_g]\right\}\frac{T_s}{T_{eq}} \tag{4-20}$$

$$R_d = \left\{1 - 0.323\arctan[46.05 \times (\xi_{eq} - 0.05) \times T_g]\right\}\frac{T_{eq}}{T_s}\left(1 - \frac{K_{eq}}{K_d}\right) \tag{4-21}$$

分析式（4-20）与式（4-21）易知，评价指标基底剪力降低率和最大位移降低率只与减震结构的等效阻尼比 ξ_{eq}、等效周期 T_{eq} 以及原结构的基本周期 T_s 和结构特征周期 T_g 等参数有关。

此外，根据表 4-1 中的相关公式可知，减震结构的等效周期 T_{eq} 与原结构的基本周期 T_s 之比为：

$$\frac{T_{eq}}{T_s} = \sqrt{1 + \mu_d \frac{K_s}{K_d}} \tag{4-22}$$

因此，将式（4-22）分别带入式（4-20）与式（4-21），可得基底剪力降低系数和最大位移降低系数的最终计算公式为：

$$R_a = \{1 - 0.323\arctan[46.05 \times (\xi_{eq} - 0.05) \times T_g]\} \sqrt{1/\left(1 + \mu_d \frac{K_s}{K_d}\right)} \tag{4-23}$$

$$R_d = \{1 - 0.323\arctan[46.05 \times (\xi_{eq} - 0.05) \times T_g]\} \sqrt{\left(1 + \mu_d \frac{K_s}{K_d}\right)\left(1 - \frac{1}{\mu_d + K_d/K_s}\right)} \tag{4-24}$$

根据式（4-12）可知，减震结构等效阻尼比 ξ_{eq} 计算公式只与参数 μ_d 和 $\frac{K_d}{K_s}$ 有关。

综合分析式（4-12）、式（4-23）与式（4-24）可知，减震结构的减震性能评价指标基底剪力降低率和最大位移降低率只与 3 个参数有关系，分别是：阻尼器的延性系数 μ_d、阻尼器初始刚度与原结构初始刚度之比 $\frac{K_d}{K_s}$、结构抗震设计所涉及的特征周期 T_g。

减震结构性能曲线，就是指由阻尼器初始刚度与原结构初始刚度之比 $\frac{K_d}{K_s}$、阻尼器的最大延性系数 μ_d 和特征周期 T_g 为自变量组成的可以计算减震结构基底剪力降低率和最大位移降低率的连续函数。

基于减震结构性能曲线的力学原理，可以通过预设不同的 $\frac{K_d}{K_s}$、μ_d 和 T_g 得到一系列减震结构性能曲线，并将这一系列减震结构性能曲线绘制在以最大位移降低率为横坐标、基底剪力降低率为纵坐标的图中，可得减震结构减震性能预测图。

对于刚度串联式减震结构，弹性刚度比 $\frac{K_d}{K_s}$ 取值可为 0.1、0.5、1、1.5、2、2.5、3，阻尼器延性系数 μ_d 取值可为 1~20 之间的整数，特征周期按照表 4-2 取值。

表 4-2　特征周期确定表[11]   （s）

设计地震分组	场地类别				
	I_0	I_1	II	III	IV
第一组	0.20	0.25	0.35	0.45	0.65
第二组	0.25	0.30	0.40	0.55	0.75
第三组	0.30	0.35	0.45	0.65	0.90

注：表中场地类别根据 GB 50011—2010《建筑抗震设计规范（2016 年版）》第四章 4.1.6 节相关内容确定；设计地震分组根据 GB 50011—2010《建筑抗震设计规范（2016 年版）》附录 A 查得。

将不同的 $\dfrac{K_d}{K_s}$、μ_d、T_g 值带入式（4-23）与式（4-24），可得减震结构减震性能预测图。

减震结构减震性能预测图绘制流程如图 4-4 所示。

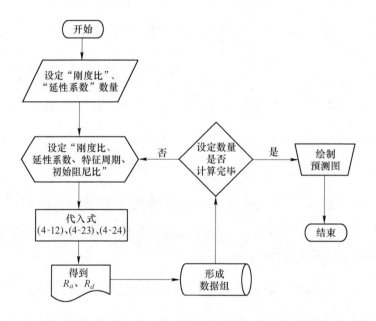

图 4-4　减震结构减震性能预测图绘制流程

按照图 4-4 中的绘制流程，可得 10 幅考虑不同特征周期的减震结构减震性能预测图。10 幅考虑不同特征周期的减震结构减震性能预测图如图 4-5～图 4-14 所示。

由减震结构性能预测图可知，在阻尼器与主结构弹性刚度之比以及特征周期一定的情况下，随着阻尼器延性系数的增大减震结构的基底剪力降低率逐渐降低，并且延性系数越小（但大于 1）时减震结构基底剪力降低率降低幅度越大，

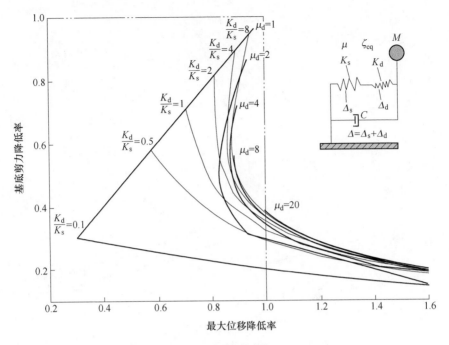

图 4-5 减震结构性能预测图（$T_g = 0.20$）

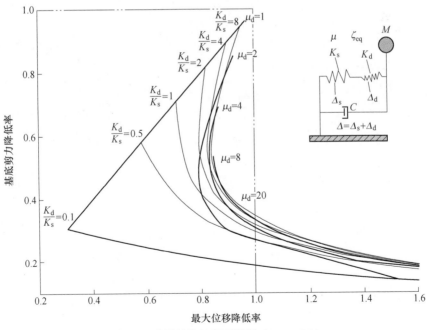

图 4-6 减震结构性能预测图（$T_g = 0.25$）

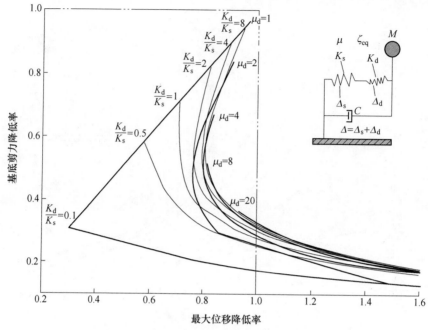

图 4-7　减震结构性能预测图（ $T_g = 0.30$ ）

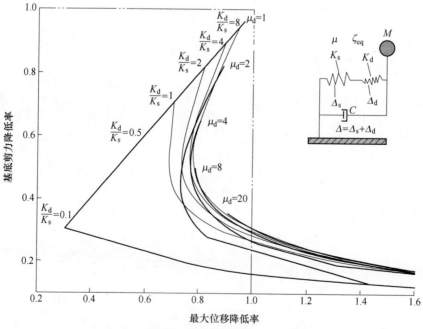

图 4-8　减震结构性能预测图（ $T_g = 0.35$ ）

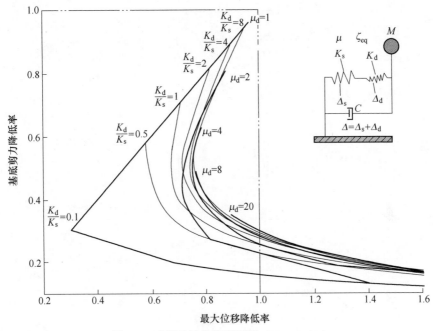

图 4-9 减震结构性能预测图（$T_g = 0.40$）

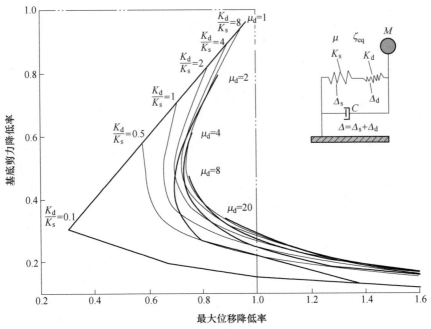

图 4-10 减震结构性能预测图（$T_g = 0.45$）

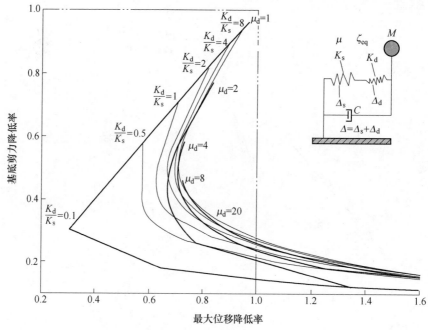

图 4-11　减震结构性能预测图（$T_g = 0.55$）

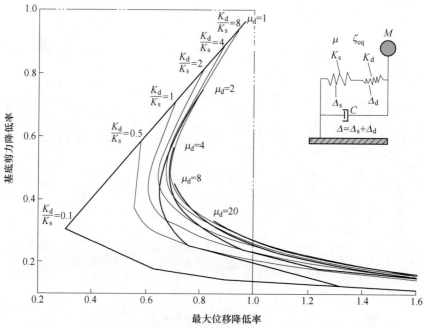

图 4-12　减震结构性能预测图（$T_g = 0.65$）

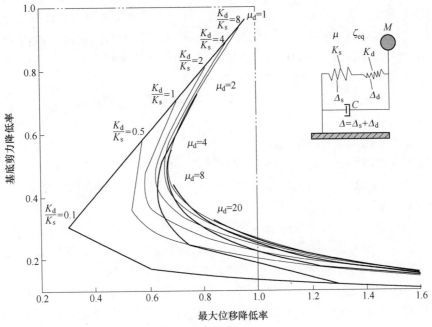

图 4-13 减震结构性能预测图 ($T_g = 0.75$)

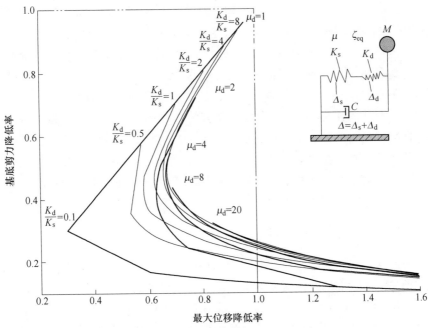

图 4-14 减震结构性能预测图 ($T_g = 0.90$)

这一现象可以通过对比延性系数为 2 时和延性系数为 1 时减震结构性能曲线数值之间的差异来说明。当延性系数较大时相邻延性系数减震结构基底剪力降低率降低幅度变化越来越不明显，例如延性系数为 8 时和延性系数为 20 时二者的减震结构性能曲线在数值上较为接近。无论阻尼器延性系数取为何值（但取值必须大于等于1），减震结构基底剪力降低率都小于 1。

　　同时根据减震性能预测图还可以看出，在阻尼器延性系数以及特征周期一定的情况下，随着阻尼器与主结构弹性刚度之比的增大减震结构最大位移降低率先降低后增大。造成这一现象的原因主要有三点：第一，减震结构位移等于主结构在地面加速度激励下引起的位移加上阻尼器地面加速度激励下引起的位移，由图 3-4 以及式（3-22）、式（3-24）可知，在外力相同的情况下减震结构中主结构引起的位移应小于外力直接作用在原结构情况下原结构的位移；第二，减震结构刚度小于原结构，从而减震结构基本周期大于原结构，最终致使减震结构位移反应大于原结构（即减震结构原理中的"第一阶段效应"）；第三，尽管阻尼比的增加会使减震结构的位移反应降低（即减震结构原理中的"第二阶段效应"），但对于反应谱来说当阻尼比从 0 变化到 0.05 时反应谱幅值降低幅度十分明显，而当原结构初始阻尼比较大（比如为 0.05）时随着阻尼比的增加减震结构位移反应降低幅度变化则较不明显。在上述三个原因的共同作用下，最终致使当弹性刚度比较大且延性系数较小时刚度串联式减震结构中主结构部分的最大位移反应小于原结构的最大位移反应，而当弹性刚度比较小且延性系数较大时刚度串联式减震结构中主结构部分的最大位移反应大于原结构的最大位移反应。

　　综上所述，减震结构的最大基底剪力小于原结构的最大基底剪力，而减震结构中主结构的最大位移反应有可能会小于原结构的最大位移反应，也有可能会大于原结构的最大位移反应，即减震结构的最大位移降低率存在优化值。

　　此外，对比图 4-5~图 4-14 可知，随着特征周期的增加，相同阻尼器延性系数和弹性刚度比对应的最大基底剪力降低率和最大位移反应降低率会变小。

　　本节研究的减震结构性能曲线主要针对主结构基本周期大于设计特征周期的刚度串联式减震结构，而对于主结构基本周期小于设计特征周期的刚度串联式减震结构的性能曲线，应进行专门的研究。

4.7.2　减震结构性能曲线的应用

　　基于减震结构性能曲线得到的减震结构减震性能预测图，主要有三大功能：

　　功能一，可以根据设计减震结构的 3 个参数评估减震结构的性能，评估使用的参数主要包括基底剪力降低率和最大位移降低率两大性能指标。

　　功能二，可以通过预设基底剪力降低率和最大位移降低率两大参数数值的大小对阻尼器的初始刚度、最大延性系数等参数进行初步设计。

功能三，可以对减震结构在地震动作用下的结构反应降低的基本原理进行解释和说明，并可确定减震结构的减震性能最优时结构的相关设计参数，且可估计出特定减震性能参数下阻尼器与原结构消耗的能量比例。

功能一是减震结构减震性能预测图最基本的功能，该功能的实现过程主要依靠减震结构性能曲线的两大基本公式：式（4-23）与式（4-24）。

功能二是基于减震结构性能曲线进行减震结构设计必需的功能，该功能将在本书的后续章节中使用。

功能三涵盖了减震结构减震性能预测图用于减震结构减震性能分析的常用方法。如图 4-15 所示为某一特征周期对应的减震结构减震性能预测图，假设弹性刚度比为 2，阻尼器最大延性系数为 4，假定场地特征周期为 0.4s，则减震结构的最大位移降低率为 0.837，基底剪力降低率为 0.335。图中 $\mu_d = 1$ 所对应曲线为仅有原结构时结构的反应曲线，则 $\mu_d = 1$ 所对应曲线与 $R_a = 0.335$ 虚线的交点为 (0.335，0.335)，该点即为减震结构以最大位移降低率和基底剪力降低率表示的屈服点，并且从图中可计算出阻尼器和主结构分别在减震结构总耗能中各自所占的比例。例如在本例中，阻尼器在减震结构总耗能中所占的比例为 $\dfrac{0.335}{2 \times 0.837 - 0.335} \times 100\% = 25\%$，原结构所占比例为 $\dfrac{2 \times (0.837 - 0.335)}{2 \times 0.837 - 0.335} \times 100\% = 75\%$。

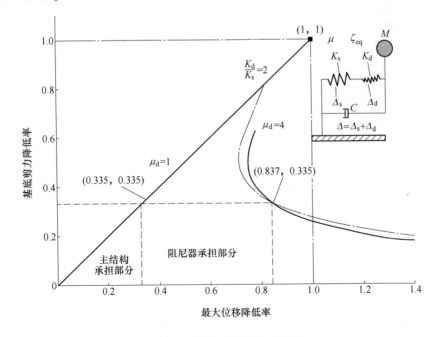

图 4-15　减震性能预测图应用举例

4.8 基于减震性能曲线的减震结构设计方法

前文提到，将减震性能曲线的基本原理应用于减震结构设计是减震结构减震性能预测图的一个重要功能之一。此时，减震结构设计主要分为三个阶段。

第一阶段为基于单自由度体系的阻尼器参数初步设计。该阶段主要根据减震结构性能曲线的相关公式，对如图 4-1c 所示的单自由度减震体系中阻尼器的弹性刚度进行计算。计算过程如下：

（1）将原结构简化为弹性单自由度体系，并确定其弹性刚度 K_s、基本周期 T_s，查定设计特征周期 T_g；

（2）根据原结构的弹性刚度 T_s 和初始阻尼比 ξ_0，求得主结构的最大位移反应 $\Delta_{s,max}$；

（3）确定减震结构的目标最大位移 Δ_{max}，并根据最大位移降低率计算公式求得目标最大位移降低率 $R_d = \dfrac{\Delta_{max}}{\Delta_{s,max}}$；

（4）根据特征周期对应的减震结构减震性能预测图，在符合目标最大位移降低率 R_d 的 μ_d 和 $\dfrac{K_d}{K_s}$ 组合中，选定符合设计要求的 μ_d 和 $\dfrac{K_d}{K_s}$ 数值；

（5）根据选定的 μ_d 和 $\dfrac{K_d}{K_s}$ 数值，根据表 4-1 中的相关公式计算阻尼器弹性刚度 K_d、屈服位移 $\Delta_{d,y}$、最大位移 $\Delta_{d,max}$ 等参数。

第二阶段为基于多自由度体系的阻尼器空间优化布置。此阶段主要解决的问题是将第一阶段确定的阻尼器刚度分配至结构的各层中，包括到阻尼器刚度沿结构高度方向的布置和阻尼器刚度在各层水平向上的布置，这分别是第 6 章和第 7 章的研究内容，此处不再赘述。

第三阶段为减震性能验算。当把阻尼器刚度分配至结构各层之后，需对设计的减震结构的减震性能进行验算，验算的主要途径有采用减震性能预测图估计、弹塑性分析验证等方法。

基于减震性能曲线的减震结构设计流程如图 4-16 所示。

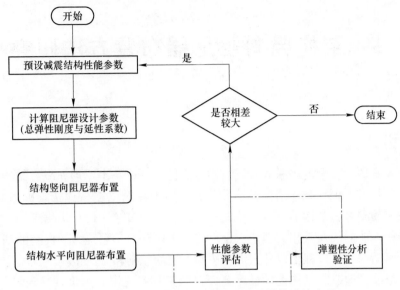

图 4-16 基于减震结构性能曲线的减震结构设计流程

5 结构竖向阻尼器布置方法研究

5.1 引言

第 4 章研究了刚度串联式减震结构减震性能评价基本原理和减震结构减震性能曲线等技术，根据减震结构性能曲线，可以加深对减震结构减震机理的理解，提供快速预测减震结构消能减震性能的方法，为减震结构设计提供理论支撑。但减震结构性能曲线及其相关理论都是在单自由度动力学系统力学模型的基础上建立的，而结构设计过程中设计人员须按照一定的原则和方法根据不同楼层设计和布置阻尼器，即减震结构设计最终要面对的是具有无限自由度的建筑结构体系，而非简单的单自由度体系。因此如何将基于单自由度动力学体系模型建立的减震结构性能曲线理论推广应用于工程实际，是重中之重的问题。

前文提到，基于减震结构性能曲线相关理论，设计人员可以通过预设减震结构的最大位移反应和基底最大剪力反应确定减震结构所需阻尼器的总刚度和总延性系数。确定阻尼器总刚度和总延性系数之后，可根据建筑结构在侧向荷载作用下的结构反应特征和力学特性，将阻尼器总刚度分配至结构各层，实现阻尼器沿减震结构高度方向上的布置；同时，减震结构设计还应通过控制阻尼器与主结构构件之间的协同工作条件来实现阻尼器在结构各层水平向的布置。第 5 章和第 6 章的主要研究内容就是解决考虑减震性能空间优化的阻尼器在结构竖向和水平向布置等关键技术性问题。

本章首先基于钢筋混凝土剪力墙结构在侧向荷载作用下的结构反应特征和结构力学特性，制定阻尼器沿结构高度方向布置的五大基本假定，并阐述了各个假定的物理意义和力学原理，同时分析各假定之间的相互关系；然后基于五大假定推导阻尼器沿结构竖向布置所需的计算公式。

5.2 基本假定

第 4 章中给出了减震结构性能曲线的基本原理和减震结构设计方法，并指明减震结构性能曲线仅能对单自由度体系的阻尼器相关参数进行初步设计，但对于多自由度体系各层阻尼器刚度的分配问题，仍须在减震结构性能曲线的基础上进行进一步的研究。

在基于减震结构性能曲线的减震结构设计理论中，通过减震结构性能曲线确定的阻尼器弹性刚度可以认为是多自由度体系中布置的所有阻尼器弹性刚度之和。即进行建筑结构竖向阻尼器布置的主要任务是将减震结构性能曲线确定的阻尼器总数量（以所有阻尼器弹性刚度的总和表示）按照一定的设计方法分配至结构各层中。

因此，在进行阻尼器沿减震结构竖向布置之前，应首先建立阻尼器沿结构竖向布置的基本假定。

在确定阻尼器沿结构竖向布置基本假定之前，应指明阻尼器沿结构竖向布置时按照原结构侧移刚度沿结构竖向分布特征的不同可采用两种布置方法。一般情况下，原结构侧移刚度分布可分为两种：一种为侧移刚度沿结构竖向分布理想，结构在水平荷载作用下的反应均匀、协调；另一种为侧移刚度竖向分布不均匀、结构存在薄弱层。

对于侧移刚度沿结构竖向分布合理的原结构，阻尼器可以按照减震结构性能曲线确定的弹性刚度比$\dfrac{K_{d}}{K_{s}}$成比例地沿结构竖向布置，即各层阻尼器刚度分配计算公式按式（5-1）：

$$K_{di} = \frac{K_{d}}{K_{s}}K_{si} \tag{5-1}$$

式中，K_{di}为第i层阻尼器弹性刚度之和；K_{si}为第i层原结构总弹性刚度。

按照式（5-1）沿结构竖向布置阻尼器后，由于动力学模型为多自由度体系的减震结构，故在地震动作用下结构反应可由第4章中的减震结构减震性能预测图直接进行估计。

而对于侧移刚度竖向分布不均匀、存在薄弱层的原结构，则不宜按照式(5-1)进行阻尼器竖向布置工作。因为对于侧移刚度分布不均匀的结构，完全按照式（5-1）布置阻尼器后减震结构依然存在刚度分布不均匀的境况，尤其是对于刚度串联式减震结构，甚至会出现加重结构侧移刚度不均匀的情况。因此，应根据原结构侧移刚度分布情况，对侧移刚度分布不均匀的原结构安装非比例布置阻尼器的途径，进行阻尼器刚度沿结构竖向分配的工作。

沿结构高度方向非比例分配阻尼器刚度时，应遵循以下三项基本假定：

（1）设计的多自由度减震系统结构各层延性系数均等于减震性能曲线中单自由度减震系统的延性系数。

（2）多自由度减震系统的等效阻尼比等于减震性能曲线中单自由度减震系统的等效阻尼比。

（3）阻尼器沿结构高度方向分布后，多自由度减震系统在侧向荷载作用下结构沿高度方向各处横截面曲率相同。

5.2.1　延性系数相等假定（假定 1）

根据减震结构减振性能预测图可知，延性系数是影响减震结构减震性能的一个重要影响因素。因此，为保证多自由度减震系统的减震性能与单自由度减震系统的减震性能之间不具有较大的差异，必须保证多自由度减震系统结构各层的延性系数等于单自由度减震系统的延性系数。因此，多自由度减震系统结构各层的延性系数必须满足式（5-2）。

$$\mu_i = \mu \tag{5-2}$$

式中，μ_i 为多自由度减震系统中第 i 层的延性系数。此处所述的延性系数是指位移延性系数。

根据表 4-1 中的相关公式，可得出减震结构性能曲线中单自由度减震系统的延性系数计算公式为：

$$\mu = \frac{\mu_d + \dfrac{k_d}{k_s}}{1 + \dfrac{k_d}{k_s}} = \frac{\mu_d - 1}{1 + \dfrac{k_d}{k_s}} - 1 \tag{5-3}$$

类比式（5-3），可得多自由度减震系统各层延性系数计算公式为：

$$\mu_i = \frac{\mu_{di} - 1}{1 + \dfrac{k_{di}}{k_{si}}} - 1 \tag{5-4}$$

将式（5-4）与式（5-3）带入式（5-2）中并进行化简，可得：

$$\frac{\mu_d - 1}{1 + \dfrac{k_d}{k_s}} = \frac{\mu_{di} - 1}{1 + \dfrac{k_{di}}{k_{si}}} \tag{5-5}$$

式中，参数 μ_d、$\dfrac{k_d}{k_s}$ 直接根据减震结构性能曲线确定；参数 k_{si} 为原结构第 i 层侧移刚度；参数 μ_{di}、k_{di} 为多自由度减震系统中第 i 层中阻尼器设计参数。

减震结构设计时，只要设计的阻尼器的参数满足式（5-5）中的等式，即说明设计结果满足假定 1。

5.2.2　等效阻尼比相等假定（假定 2）

由减震结构性能曲线中减震性能参数计算公式中可知，减震结构等效阻尼比是影响减震结构减震性能参数的重要指标。因此，让多自由度减震系统的等效阻尼比等于减震性能曲线中单自由度减震系统的等效阻尼比的目的，也是为了保证多自由度减震系统的减震性能与单自由度减震系统的减震性能之间不具有较大的差异。

由图 4-3 可知，等效阻尼比计算公式与结构在一个循环内的滞回吸收能量 W_P 和弹性能量 W_E 有关。根据表 4-1 中相关公式以及各公式之间的关系，可得单自由度减震系统在等幅滞回状态下 W_P 和 W_E 的计算公式为：

$$W_P = \frac{4K_d \delta_d^2 (\mu - 1)}{1 + \dfrac{K_d}{K_s}} \tag{5-6}$$

$$W_E = \frac{K_d \delta_d^2 \mu}{2\left(1 + \dfrac{K_d}{K_s}\right)} \tag{5-7}$$

将式（5-6）与式（5-7）带入式（4-8），可得单自由度减震系统在等幅滞回状态下的等效阻尼比计算公式为：

$$\xi_{eq}^{ss}(\mu) = \xi_0 + \frac{W_P}{4\pi W_E} = \xi_0 + \frac{2}{\pi} \times \frac{\mu - 1}{\mu} \tag{5-8}$$

式中，ξ_0 为原结构初始阻尼比；μ 为单自由度减震系统的延性系数。

类比式（5-6）与式（5-7），可得多自由度减震系统结构各层在等幅滞回状态下 W_{Pi} 和 W_{Ei} 的计算公式为：

$$W_{Pi} = \frac{4K_{di} \delta_{di}^2 (\mu_i - 1)}{1 + \dfrac{K_{di}}{K_{si}}} \tag{5-9}$$

$$W_{Ei} = \frac{K_{di} \delta_{di}^2 \mu_i}{2\left(1 + \dfrac{K_{di}}{K_{si}}\right)} \tag{5-10}$$

式中，δ_{di} 为第 i 层阻尼器屈服位移。

类比式（5-8），可得多自由度减震系统在等幅滞回状态下的等效阻尼比计算公式为：

$$\xi_{eq}^{ss}(\mu_i) = \xi_0 + \frac{\displaystyle\sum_{i=1}^{N} W_{Pi}}{4\pi \displaystyle\sum_{i=1}^{N} W_{Ei}} = \xi_0 + \frac{2}{\pi} \frac{\displaystyle\sum_{i=1}^{N} \dfrac{k_{di} \delta_i^2 (\mu_i - 1)}{1 + \dfrac{k_{di}}{k_{si}}}}{\displaystyle\sum_{i=1}^{N} \dfrac{k_{di} \delta_i^2 \mu_i}{1 + \dfrac{k_{di}}{k_{si}}}} \tag{5-11}$$

令：

$$\xi_{eq}^{ss}(\mu_i) = \xi_{eq}^{ss}(\mu) \tag{5-12}$$

将式（5-8）与式（5-11）带入式（5-12），并进行化简，可得：

$$\frac{\displaystyle\sum_{i=1}^{N}\frac{k_{\mathrm{d}i}\delta_i^2(\mu_i-1)}{1+\dfrac{k_{\mathrm{d}i}}{k_{si}}}}{\displaystyle\sum_{i=1}^{N}\frac{k_{\mathrm{d}i}\delta_i^2\mu_i}{1+\dfrac{k_{\mathrm{d}i}}{k_{si}}}}=\frac{\mu-1}{\mu}$$

即

$$\frac{\displaystyle\sum_{i=1}^{N}(\mu_i-1)}{\displaystyle\sum_{i=1}^{N}\mu_i}=\frac{\mu-1}{\mu} \tag{5-13}$$

式中，δ_i 为第 i 层楼层层间位移。

根据假定 1 可知，多自由度减震系统结构各层的延性系数等于单自由度减震系统的延性系数。所以，式（5-13）成立。

结合式（5-2）与式（5-13）可知，当式（5-2）成立时，式（5-13）恒成立。这就说明在竖向布置假定 1 成立的前提下，假定 2 无条件成立。

5.2.3 曲率相同假定（假定 3）

本章研究的钢筋混凝土剪力墙结构在侧向荷载作用下结构整体呈现弯曲型变形。一般情况下，在侧向荷载作用下呈弯曲型变形的结构其高宽比较小、结构整体刚度具有高且柔的趋势、基本周期较长。

图 5-1 所示为钢筋混凝土剪力墙结构中一片双肢剪力墙在侧向荷载作用下的变形示意图，该双肢剪力墙呈典型的弯曲型变形模式。

为保证多自由度减震系统在侧向荷载作用下结构反应协调均匀，阻尼器布置时宜保证布置完阻尼器后结构各层对应横截面的弯曲曲率相同；并且，结构各横截面处曲率相同可控制结构刚度薄弱层的出现。

根据材料力学公式，可得图 5-2 所示结构各横截面处弯曲曲率计算公式为：

$$\varphi(x)=\frac{M(x)}{EI(x)} \tag{5-14}$$

式中，$M(x)$ 为在侧向荷载作用下 x 处结构横截面弯曲内力；$EI(x)$ 为 x 处结构横截面抗弯刚度。

若结构各横截面弯曲曲率相同，则各横截面处弯曲曲率都等于结构基底横截面弯曲曲率[101]，即：

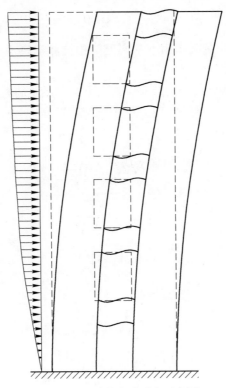

图 5-1 双肢剪力墙受力示意图

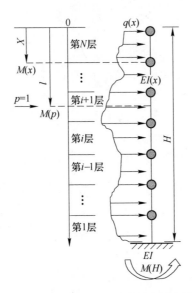

图 5-2 剪力墙结构在侧向荷载作用下力学模型

$$\varphi(x) = \frac{M(x)}{EI(x)} = \varphi(H) = \frac{M(H)}{EI} \tag{5-15}$$

式中，$M(H)$ 为在侧向荷载作用下基底处结构抗倾覆弯矩；EI 为基底处结构横截面抗弯刚度。

　　阻尼器刚度沿结构竖向分布后，多自由度减震系统的力学模型可简化为如图 5-3 所示的模型。

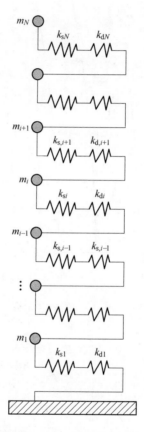

图 5-3　各层布置阻尼器后多自由度减震系统力学模型（刚度串联式）

　　阻尼器沿结构竖向布置方法使用的计算公式推导过程见下文。

　　对于如图 5-2 所示的多自由度弯曲型变形结构力学模型，假设该结构在任意侧向荷载作用下其结构反应均匀、任意横截面弯曲曲率相等，则根据结构力学虚功原理相关公式以及式（5-15），可求得沿结构高度方向任意位置处的侧向位移计算公式为：

$$\Delta_l = \int_l^H \frac{M(x)M(p)}{EI(x)}\mathrm{d}x = \int_l^H \frac{M(x)(x-l)}{EI(x)}\mathrm{d}x$$

$$= \frac{M(H)H^2}{EI}(1 - \eta)^2 \tag{5-16}$$

式中，η 为表征楼层相对位置的无量纲参数，其计算公式为：

$$\eta = \frac{l}{H} \tag{5-17}$$

根据式（5-16），可得各楼层所对应位移的计算公式为：

$$\Delta_i = \frac{M(H)H^2}{EI}(1 - \eta_i)^2 \tag{5-18}$$

式中，$\eta_i = \dfrac{H_i}{H}$，H_i 为第 i 层楼层距屋面的距离。

同理，第 $i-1$ 层位移计算公式为：

$$\Delta_{i-1} = \frac{M(H)H^2}{EI}(1 - \xi_{i-1})^2 \tag{5-19}$$

式（5-18）左右两边共同减去式（5-19）左右两边，可得第 i 层层间位移计算公式为：

$$\delta_i = \frac{M(H)H^2}{2EI}(2 - \xi_{i-1} - \xi_i)(\xi_{i-1} - \xi_i) \tag{5-20}$$

基于式（5-20），可得第 i 层结构的延性系数计算公式为：

$$\mu_i = \frac{\delta_i^{\max}}{\delta_i^y} = \frac{M(H)^{\max}}{2EI} \bigg/ \frac{M(H)^y}{2EI}$$

$$= \frac{M(H_i)^{\max}}{2EI} \bigg/ \frac{M(H_i)^y}{2EI}$$

$$= \frac{\varphi^{\max}(H_i)}{\varphi^y(H_i)} = \phi_i \tag{5-21}$$

式中，ϕ_i 为结构第 i 层横截面曲率延性系数。

从式（5-21）等式左右两边可以看出，结构各横截面曲率延性系数等于相应楼层对应的位移延性系数。根据假定 3 可知，结构各横截面处的弯曲曲率相同，所以结构各横截面处的曲率延性系数亦相同，再根据式（5-21），则有结构各层的位移延性系数相同。而 5.2.1 节中描述的假定 1 就是指结构各层位移延性系数相同。因此，可以认为结构各横截面弯曲曲率相等原则是各层位移延性系数相等原则成立的充分条件。

5.2.4　三项假定之间的关系

对比上述 3 项假定的相关内容可知，3 项假定之间具有密切的关系。

首先，根据式（5-13）与式（5-2）可知，在延性系数相等假定存在的情况下等效阻尼比相等假定必然成立。

其次，由式（5-21）可知，曲率相等假定是延性系数相等假定成立的充分条件。

然后，根据单自由度减震系统工作原理可知，依据等效阻尼比和延性系数可以在减震结构性能曲线中计算出减震结构性能指标的数值，即等效阻尼比和延性系数可以决定减震结构的性能指标，因此可以认为假定 1 与假定 2 的存在就是为了使得多自由度减震系统的减震性能等效于单自由度减震系统的减震性能。

5.3　两项布置原则

沿结构竖向分配阻尼器刚度的过程中，在遵循 3 个基本假定的同时，还应设置 2 项布置原则。

（1）布置后多自由度减震系统的阻尼器刚度之和等于根据减震性能曲线得到的单自由度减震系统的阻尼器弹性刚度。

（2）布置阻尼器后多自由度减震系统不应出现薄弱层。

5.3.1　刚度对等原则

通过第 4 章中减震结构减震性能预测图可知，阻尼器弹性刚度与原结构弹性刚度之比对减震结构的减震性能具有至关重要的作用。为保证多自由度减震系统与单自由度减震系统之间有相同或相近的减震性能，在进行阻尼器刚度沿结构高度方向进行分配时，应使多自由度减震系统所有楼层分配的阻尼器刚度之和与根据减震结构减震性能预测图所确定的单自由度减震系统阻尼器弹性刚度相等或接近。

因此，阻尼器沿结构各层分配后，其弹性刚度之和应满足如下计算公式：

$$\sum_{i=1}^{N} k_{di} \sum_{i=1}^{N} \frac{1}{k_{si}} \geqslant \frac{K_d}{K_s} \quad \Rightarrow \quad \sum_{i=1}^{N} k_{di} \geqslant \frac{K_d}{K_s \sum_{i=1}^{N} \frac{1}{k_{si}}} \tag{5-22}$$

式中，N 为结构总层数；i 为楼层数。

当 $\sum_{i=1}^{N} k_{di} < \dfrac{K_d}{K_s \sum_{i=1}^{N} \dfrac{1}{k_{si}}}$ 时，应合理地增加各层阻尼器总刚度，直至不等式两边满足式（5-22）。

阻尼器刚度分配时，一般应从顶层开始往下逐渐进行阻尼器刚度布置工作。

采用自上而下的方法布置竖向布置阻尼器的主要原因是，研究的钢筋混凝土剪力墙结构在侧向荷载作用下结构顶部累积变形最大，而结构变形越大越对滞回型阻尼器尽快进入塑性耗能状态有利。但阻尼器布置时为使结构反应较为均匀，可不采取逐层布置阻尼器的方式进行阻尼器刚度分配工作，可以采取跳过相对刚度较大层而重点布置薄弱层的方式进行阻尼器竖向布置。

5.3.2 控制薄弱层原则

多自由度减震结构设计时，沿结构高度方向分配完阻尼器刚度后，应严格控制结构薄弱层的出现。尤其是对于原结构抗侧移刚度分布不均匀时，布置阻尼器后更应注意结构整体变形的协调性，避免出现原结构刚度薄弱层刚度进一步被削弱而原结构刚度相对较大层刚度变化又不大的情况出现，这会使得原结构刚度薄弱层愈加薄弱，对结构抗震不利。

此外，当不是按照从上到下逐层依次布置的方法分配阻尼器刚度时，应注意控制布置阻尼器层与该层相邻的没有布置阻尼器楼层之间抗侧移刚度之比，与原结构相比避免出现新的薄弱层。

5.4 竖向布置方法

根据 5.2 所提出的阻尼器沿结构高度方向布置三项基本假定的相关原理和公式，可将单自由度减震系统得到的阻尼器刚度沿多自由度减震系统的高度方向进行非比例分配。

根据力学原理可知，结构各层的层间位移可通过楼层剪力与楼层抗侧移刚度来表示，计算公式如式（5-23）：

$$\delta_i = \frac{Q_i}{k_i} = Q_i \left(\frac{1}{k_{di}} + \frac{1}{k_{si}} \right) \tag{5-23}$$

式中，Q_i 为第 i 层楼层剪力。

合并式（5-20）和式（5-23），可得多自由度减震系统所应布置阻尼器的刚度计算公式为：

$$k_{di} = \frac{2EIQ_i k_{si}}{M(H)H^2 k_{si}(2 - \xi_{i-1} - \xi_i)(\xi_{i-1} - \xi_i) - 2EIQ_i} \tag{5-24}$$

式（5-24）即为多自由度减震系统阻尼器刚度沿结构高度方向非比例分配的计算公式。对于式（5-24）所算得的 k_{di} 值，当 k_{di} 大于 0 时，说明结构第 i 层需要 k_{di} 大小的阻尼器刚度，布置时宜按照 k_{di} 的实际大小进行阻尼器刚度分配；当小于等于 0 时，说明第 i 层不需要布置阻尼器。

6　结构水平方向阻尼器布置方法研究

6.1　引言

根据第 4 章和第 5 章的研究成果，可以实现将基于减震结构性能曲线获得的阻尼器总刚度按照一定的计算公式合理地分配至结构各层中。阻尼器刚度分配至结构各层之后，还应按照一定的原则将阻尼器布置到连梁跨中，这就涉及结构水平方向阻尼器布置方法的研究问题。

结构水平方向阻尼器布置方法主要解决如何通过控制阻尼器或连梁的力学参数实现构件乃至结构整体的性能水准问题，即阻尼器与钢筋混凝土连梁协同作用时怎样设计才能达到预期的消能减震效果。

6.2　水平向布置基本原则

根据力学原理可知，当连梁跨高比小于 5 时剪切变形在连梁跨中位移所占比例将超过 10%。因此，钢筋混凝土连梁较易发生因箍筋配置不足造成的斜拉破坏或因纵筋与混凝土黏结失效造成的梁端剪切滑移破坏[37]。上述两种破坏形式都属于因构件抗剪承载力不足造成的脆性破坏。

在侧向水平荷载作用下联肢剪力墙结构主要以弯曲型变形为主，如图 6-1a 所示。在弯曲型变形形态下，连梁受弯受剪复合作用，其中连梁所受弯矩呈反对称状态，且连梁跨中弯矩为零，而剪力沿连梁长度方向均匀分布。连梁在侧向水平荷载作用下的变形示意图、弯矩以及剪力内力图分别如图 6-1b~d 所示。

在往复荷载作用下，连梁承受的剪力方向会发生往复变化，且连梁要承受比墙肢更大的非线性位移，故而在强烈地震动作用下容易造成连梁发生剪切破坏的震害现象。在抗震设计时，为实现结构的抗震设防目标和耗能机制，须按照"强墙肢弱连梁"的原则设计联肢剪力墙以及按照"强剪弱弯"的原则设计连梁。

根据连梁在地震作用下跨中弯矩最小、位移较大的受力特点，以及地震中连梁常发生不易修复的剪切破坏的震害特征，可在连梁跨中截断布设金属阻尼器，以达到阻尼器代替连梁消耗地震能量的目的。连梁跨中截断布设软钢阻尼器后，形成了钢筋混凝土–软钢阻尼器刚度串联式耗能连梁，简称刚度串联式耗能连梁。刚度串联式耗能连梁工作示意图如图 6-2 所示。

按照第 5 章的设计假定和设计方法确定每层所需软钢阻尼器的总刚度之后，

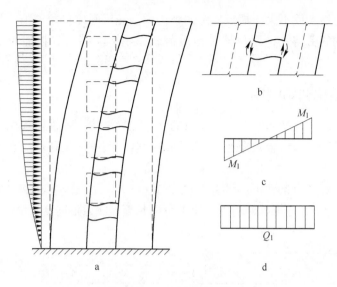

图 6-1 钢筋混凝土剪力墙结构受力分析示意图

a—结构总体变形图；b—连梁受力模式；c—连梁弯矩内力图；d—连梁剪力内力图

应按照以下原则对软钢阻尼器在结构水平向进行刚度布置：

（1）阻尼器在结构水平面上在两个主轴方向上宜对称布置；

（2）阻尼应首先布置在不承担或少承担竖向荷载的连梁上；

（3）每层布置的阻尼器刚度的总和不宜小于式（5-24）确定的刚度；

（4）阻尼器在结构各层水平向布置完毕后，应按照《混凝土结构设计规范 GB 50010—2010（2015 年版）》[102]第 5.3.4 节的相关规定进行重力二阶效应计算。

同时，为保证连梁按照既定的工作机理运作和完成抗震设防所扮演的角色，需对金属阻尼器的尺寸、刚度和强度进行严格的设计。设计金属

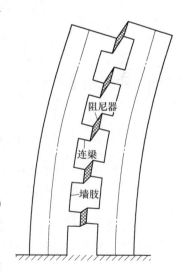

图 6-2 耗能连梁工作示意图

阻尼器时，应遵循以下原则：（1）阻尼器应具有足够的初始刚度，并保证在正常使用极限状态、小震作用下主体结构和钢筋混凝土连梁部分仍处于弹性阶段；（2）控制结构的破坏模式，实现多道设防的抗震设计理念，中震乃至大震作用时在保证组合连梁先于墙肢发生屈服的前提下保证阻尼器先于钢筋混凝土连梁梁端发生屈服；（3）控制阻尼器的承载能力极限状态，保证在极限荷载作用下阻

尼器的位移角最大值不大于规范规定的结构弹塑性层间位移角限值，且保证阻尼器具有足够的疲劳寿命，阻尼器在地震荷载作用下能够充分耗能而不发生疲劳破坏。

6.3　保证结构初始刚度

所谓保证结构的初始刚度，主要目的就是控制结构在弹性阶段的变形。即保证安装完阻尼器后的组合减振连梁在相同的荷载作用下的位移反应在可接受的范围之内。

连梁在一般受力条件下的计算简图如图 6-3 所示。图 6-3 中，L 为原结构连梁长度的一半，l 为连梁截断后混凝土部分的长度，α 为阻尼器长度的一半。

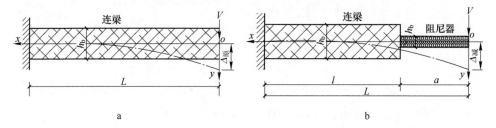

图 6-3　连梁构件概念图
a—原结构连梁构件；b—安装阻尼器后的耗能连梁

由材料力学计算公式可知，图 6-3 所示连梁由剪切变形和弯曲变形引起的位移计算公式为：

$$\Delta_{\mathrm{V}} = \frac{kVL}{GA}, \quad \Delta_{\mathrm{M}} = \frac{VL^3}{E_{\mathrm{b}}I_{\mathrm{b}}} \tag{6-1}$$

式中，$E_{\mathrm{b}}I_{\mathrm{b}}$ 为钢筋混凝土连梁抗弯刚度。

计算过程中考虑矩形截面的剪力分布不均匀系数 $k = 1.2$，截面惯性矩与截面面积关系式 $I/A = \dfrac{\dfrac{Ah_{\mathrm{b}}^2}{12}}{A} = \dfrac{h_{\mathrm{b}}^2}{12}$，以及构件剪切模量 $G = 0.4E$，令连梁跨高比 $\lambda = 2L/h_{\mathrm{b}}$。根据式（6-1）可得剪切变形与弯曲变形位移之比为：

$$\frac{\Delta_{\mathrm{V}}}{\Delta_{\mathrm{M}}} = \frac{3h_{\mathrm{b}}^2}{4L^2} = 3 \Big/ \left(\frac{2L}{h_{\mathrm{b}}}\right)^2 = \frac{3}{\lambda^2} \tag{6-2}$$

式中，h_{b} 为连梁横截面高度。

原结构连梁弹性最大位移计算公式为：

$$\Delta_{\text{原}} = \Delta_{\mathrm{V}} + \Delta_{\mathrm{M}} = \Delta_{\mathrm{M}}\left(1 + \frac{3h_{\mathrm{b}}^2}{4L^2}\right) = \frac{VL^3}{3E_{\mathrm{b}}I_{\mathrm{b}}}\left(1 + \frac{3}{\lambda^2}\right) \tag{6-3}$$

减振结构体系连梁的弹性最大位移是混凝土连梁弹性最大位移和阻尼器弹性最大位移之和。根据弹性力学[103]平面问题 Airy 应力函数基本理论，可求得悬臂梁在纯受弯条件下内部各点竖向位移 $\tilde{\Delta}(x, y)$ 的计算公式为：

$$\tilde{\Delta}(x, y) = \frac{\nu V x y^2}{2EI} + \frac{V x^3}{6EI} - \frac{V x L^2}{2EI} + \frac{V L^3}{3EI} \tag{6-4}$$

式中，ν 为泊松比。

则钢筋混凝土连梁弹性最大位移计算公式为：

$$\Delta_c(a, 0) = \left(\frac{V a^3}{6E_b I_b} - \frac{V a L^2}{2E_b I_b} + \frac{A L^3}{3E_b I_b} \right) \left(1 + \frac{3}{\lambda^2} \right) \tag{6-5}$$

连梁截断式减振结构体系常用的软钢阻尼器有两种类型，分别为弯曲型软钢阻尼器和剪切型软钢阻尼器，两类阻尼器示意图如图 6-4 所示。

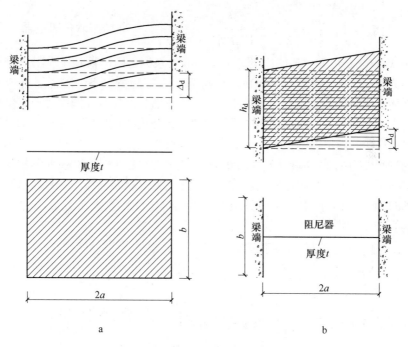

图 6-4 两种软钢阻尼器概念图
a—弯曲型软钢阻尼器；b—剪切型软钢阻尼器

不同类型软钢阻尼器弹性最大位移计算公式为：

$$\begin{cases} \Delta_d = \dfrac{V a^3}{3E_d I_d}, & \text{弯曲型软钢阻尼器} \\[3mm] \Delta_d = \dfrac{V a^3}{3E_d I_d} \dfrac{3 h_d^3}{4a^2}, & \text{剪切型软钢阻尼器} \end{cases} \tag{6-6}$$

式中，h_d 为剪切型软钢阻尼器横截面高度；$E_d I_d$ 为软钢阻尼器抗弯刚度。

则耗能连梁的弹性最大位移计算公式为：

$$
\begin{cases}
\Delta_{减} = \left(\dfrac{Va^3}{6E_b I_b} - \dfrac{VaL^2}{2E_b I_b} + \dfrac{VL^3}{3E_b I_b} \right) \left(1 + \dfrac{3}{\lambda^2} \right) + \dfrac{Va^3}{3E_d I_d}, & \text{弯曲型软钢阻尼器} \\[4mm]
\Delta_{减} = \left(\dfrac{Va^3}{6E_b I_b} - \dfrac{VaL^2}{2E_b I_b} + \dfrac{VL^3}{3E_b I_b} \right) \left(1 + \dfrac{3}{\lambda^2} \right) + \dfrac{Va^3}{3E_d I_d} \dfrac{3h_d^2}{4a^2}, & \text{剪切型软钢阻尼器}
\end{cases}
$$

$$(6\text{-}7)$$

减振结构位移与原结构位移之比，可得减振结构连梁跨中位移放大系数 R_Δ 为：

$$
\begin{cases}
R_\Delta = 1 - \dfrac{3a}{2L} + \dfrac{a^3}{2L^3} + \dfrac{E_b I_b a^3 \lambda^2}{E_d I_d L^3 (\lambda^2 + 3)}, & \text{弯曲型软钢阻尼器} \\[4mm]
R_\Delta = 1 - \dfrac{3a}{2L} + \dfrac{a^3}{2L^3} + \dfrac{3E_b I_b a \lambda^2 h_d^2}{4E_d I_d L^3 (\lambda^2 + 3)}, & \text{剪切型软钢阻尼器}
\end{cases}
$$

$$(6\text{-}8)$$

由式 (6-8) 可知，耗能连梁跨中位移放大系数与阻尼器长度、阻尼器抗弯刚度、连梁跨高比三个参数有关。在连梁跨高比一定的情况下，阻尼器抗弯刚度越大，耗能连梁跨中的位移放大系数越小，而阻尼器长度 a 对耗能连梁跨中位移放大系数的影响是随着 a 的增加耗能连梁位移放大系数先降低后增大。在实际设计过程中主要通过控制阻尼器的长度达到减小耗能连梁弹性位移反应的目的，而不是以增加阻尼器刚度为主要控制途径。因为阻尼器刚度相对较大时，对控制结构的破坏模式会产生不利影响，且阻尼器刚度较大会对阻尼器材料的选择产生困难。

通过对式 (6-8) 求一阶导数，可得连梁跨中位移放大系数最小时 a/L 计算公式为：

$$
\begin{cases}
\dfrac{a}{L} = \sqrt{\dfrac{E_d I_d (\lambda^2 + 3)}{E_d I_d (\lambda^2 + 3) + 2E_b I_b \lambda^2}}, & \text{弯曲型软钢阻尼器} \\[4mm]
\dfrac{a}{L} = \sqrt{1 - \dfrac{E_d I_d \lambda^2 h_d^2}{2E_d I_d L^2 (\lambda^2 + 3)}}, & \text{剪切型软钢阻尼器}
\end{cases}
$$

$$(6\text{-}9)$$

式 (6-9) 等式右边计算结果恒处于 [0，1] 区间之内，符合 a/L 的物理意义。

将式 (6-9) 代入式 (6-8) 中，可得连梁跨中位移放大系数最小值为：

$$
\begin{cases}
R_{\Delta,\,\min} = 1 - \sqrt{\dfrac{E_d I_d (\lambda^2 + 3)}{E_d I_d (\lambda^2 + 3) + 2E_b I_b \lambda^2}}, & \text{弯曲型软钢阻尼器} \\[4mm]
R_{\Delta,\,\min} = 1 - \sqrt[3]{1 - \dfrac{E_b I_b \lambda^2 h_d^2}{2E_d I_d L^2 (\lambda^2 + 3)}}, & \text{剪切型软钢阻尼器}
\end{cases}
$$

$$(6\text{-}10)$$

通过式（6-9）可设计出位移放大系数最小的阻尼器长度值。

6.4 控制破坏模式

对于图 6-2 所示的组合耗能结构体系，在强烈地震动作用下其理想的破坏模式为阻尼器先于连梁发生屈服，并在阻尼器已屈服的前提下连梁先于墙肢发生破坏。

6.4.1 保证阻尼器先于连梁发生破坏

欲控制耗能连梁的破坏模式，须控制阻尼器刚度与连梁梁端刚度之比。因此本节对阻尼器与连梁的最优刚度比问题进行研究，以达到控制结构破坏模式的目的。连梁的刚度与其屈服力和屈服位移有关。下面定义两个参数，屈服力比参数 Γ 和屈服位移比参数 Φ，两个参数的计算公式如式（6-11）和式（6-12）所示。

$$\Gamma = \frac{F_{dy}}{F_{by}} \tag{6-11}$$

$$\Phi = \frac{\Delta_{dy}}{\Delta_{by}} \tag{6-12}$$

式中，F_{dy} 为阻尼器屈服力；F_{by} 为连梁跨中屈服力；Δ_{dy} 为阻尼器屈服位移；Δ_{by} 为连梁跨中屈服位移。

Γ 与 Φ 之比即为阻尼器刚度与连梁梁端刚度之比。

为保证设计的连梁的斜截面抗剪承载力和梁端受弯承载力，连梁屈服力取连梁斜截面抗剪承载力标准值和梁端受弯承载力标准值之中的较大值。连梁的斜截面抗剪承载力以及梁端受弯时连梁受拉承载力计算公式为：

$$F_{by}^V = 0.7 f_{tk} b h_{b0} + f_{yv} \frac{A_{sv}}{s} h_{b0}, \quad F_{by}^M = (H_0 - a_s') f_y A_s \tag{6-13}$$

式（6-13）中各参数物理意义见文献 [11]。设计过程中按照强剪弱弯的设计原则，一般 F_{by}^M 会小于 F_{by}^V，所以连梁屈服力计算公式为：

$$F_{by} = F_{by}^M = \frac{(h_b - a_s') f_y A_s}{L} \tag{6-14}$$

根据钱稼茹、徐福江[104]基于国内外 62 个连梁试件的试验结果拟合的屈服位移角计算公式，可得钢筋混凝土连梁屈服位移计算公式为：

$$\Delta_{by} = 0.788 \frac{f_y L}{E_d} \left(\lambda + \frac{5.37}{\lambda} \right) \tag{6-15}$$

阻尼器的屈服力和屈服位移计算公式根据工作模式的不同可分为两类：

$$\begin{cases} F_{dy} = \dfrac{nf_y by^2}{6a}, \ \Delta_{dy} = \dfrac{2f_y a^2}{3E_d t}, & \text{弯曲型软钢阻尼器} \\[3mm] F_{dy} = \dfrac{f_y th_d^2}{6a}, \ \Delta_{dy} = \dfrac{f_y h_d}{2E_d}, & \text{剪切型软钢阻尼器} \end{cases} \tag{6-16}$$

可得减振结构体系的屈服力比、屈服位移比计算公式为:

$$\begin{cases} \Gamma = \dfrac{nbt^2 L}{6(h_b - a_s')A_s}, \ \Phi = \dfrac{0.85\lambda a^2}{tL(\lambda^2 + 5.37)}, & \text{弯曲型软钢阻尼器} \\[3mm] \Gamma = \dfrac{th_d^2 L}{6a(h_b - a_s')A_s}, \ \Phi = \dfrac{0.63\lambda h_d}{L(\lambda^2 + 5.37)}, & \text{剪切型软钢阻尼器} \end{cases} \tag{6-17}$$

设计时，应保证 Γ 与 Φ 同时小于 1。

6.4.2　保证连梁先于墙肢发生破坏

结构设计过程中遵循的"保证连梁先于墙肢发生破坏"设计原则，是保证连梁能够成为结构抗震设防第一道防线的重要依据。

下面以双肢剪力墙为例，推导和建立实现"连梁先于墙肢发生破坏"设计原则所需的设计方法。假设双肢剪力墙结构在侧向水平荷载作用下其变形及内力如图 6-5 所示。图中，M_1 和 M_2 分别为在弯曲变形的条件下两片墙肢底部产生的抗倾覆弯矩，$\tau(x)$ 为各个连梁跨中的剪力，T 是指所有连梁的 $\tau(x)$ 累加后所得的墙肢等效轴力，D 为两片墙肢中轴线的距离，H 为结构总高度。

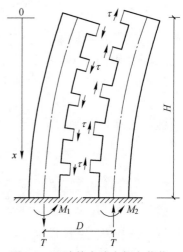

则在忽略重力作用的影响下，墙肢底部总弯矩为:

$$M_{total} = M_1 + M_2 + TD \tag{6-18}$$

为衡量双肢剪力墙中连梁和墙肢在整个构件体系中各自所分担内力的大小，故定义参数"耦合比"。耦合比的计算公式为:

图 6-5　双肢剪力墙在侧向荷载
作用下内力剖析

$$C = \frac{TD}{M_1 + M_2 + TD} \tag{6-19}$$

耦合比的取值范围直接反映了连梁对墙肢的约束程度大小。过大或过小的耦合比都会对结构产生不利影响。对于耦合比的合理取值范围，应根据结构整体的延性系数、连梁以及墙肢的延性系数等参数综合确定。

对于如图 6-1a 所示的双肢剪力墙，其曲率延性系数按式（6-20）计算：

$$\mu_\varphi = \frac{\varphi_{max}}{\varphi_y} \tag{6-20}$$

式中，φ_{max} 为双肢剪力墙构件体系最大弯曲曲率；φ_y 为双肢剪力墙构件体系屈服曲率。

考虑连梁与墙肢之间的耦合作用，连梁、墙肢以及双肢剪力墙的曲率延性系数之间的关系如图 6-6 所示。

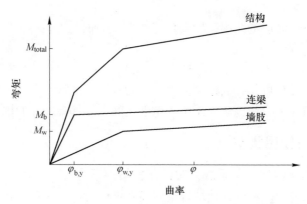

图 6-6 连梁、墙肢以及双肢剪力墙的曲率延性系数关系

由图 6-6 可以看出，为保证连梁先于墙肢发生破坏，连梁屈服曲率 $\varphi_{y,b}$ 必须小于墙肢的屈服曲率 $\varphi_{y,w}$。且为保证墙肢开始屈服时连梁能够起到较好的耗能能力，墙肢开始屈服时连梁的曲率延性系数 $\mu_{\varphi,0}$ 应不小于墙肢的曲率延性系数 $\mu_{\varphi,w}$。同时为保证连梁和墙肢共同进入极限使用状态，连梁的最终延性系数应该满足如下关系式：

$$\mu_{\varphi,b} = 2\mu_{\varphi,w} \tag{6-21}$$

根据等位移原理，可假定长周期结构的强度折减系数等于对应的延性系数，即：

$$R = \frac{F_{e,max}}{F_y} = \mu \tag{6-22}$$

式中，$F_{e,max}$ 为结构最大位移与弹性刚度之积；F_y 为结构屈服力。

则根据式（6-17）、式（6-18）、式（6-21），可计算出双肢剪力墙的曲率延性系数为：

$$\begin{aligned}
\mu_{\varphi,total} &= \frac{(M_1 + M_2)\mu_{\varphi,w} + TD\mu_{\varphi,b}}{M_1 + M_2 + TD} \\
&= \mu_{\varphi,w} + \frac{TD}{M_1 + M_2 + TD}(\mu_{\varphi,b} - \mu_{\varphi,w}) \\
&= \mu_{\varphi,w} + C(\mu_{\varphi,b} - \mu_{\varphi,w})
\end{aligned} \tag{6-23}$$

此外，从图6-6可以看出，双肢剪力墙结构的整体曲率延性系数不应大于连梁的曲率延性系数，且双肢剪力墙结构的整体曲率延性系数不应小于墙肢的曲率延性系数，为使双肢剪力墙结构具有良好的滞回耗能能力，一般整体曲率延性系数应满足以下关系式：

$$\mu_{\varphi,\,w} + 1 \leqslant \mu_{\varphi,\,total} \leqslant \mu_{\varphi,\,b} - 1 \tag{6-24}$$

将式（6-21）和式（6-24）带入式（6-23）可得：

$$\frac{1}{\mu_{\varphi,\,w}} \leqslant C \leqslant 1 - \frac{1}{\mu_{\varphi,\,w}} \tag{6-25}$$

一般情况下，墙肢的曲率延性系数可取为3，所以式（6-25）可变换为：

$$\frac{1}{3} \leqslant C \leqslant \frac{2}{3} \tag{6-26}$$

通过式（6-26）可知，当连梁剪力引起的基底倾覆弯矩占总基底倾覆弯矩的1/3~2/3时，双肢剪力墙构建体系中各构件之间方能具有较好的耦合作用。

6.5　控制极限使用状态

当结构或构件达到最大承载力时，减震结构不应发生不适于继续承载的变形、局部倒塌或疲劳破坏而致使结构整体发生连续倒塌。因此，在设计过程中应控制结构体系的极限使用状态，包括控制阻尼器极限位移和保证阻尼器不发生疲劳破坏。

6.5.1　阻尼器层间位移角限值

在极限使用状态下为保证阻尼器充分耗能且不发生破坏，应对阻尼器的极限位移角最大值进行限定。假定连梁梁端为刚性，减振结构体系的变形示意图如图6-7所示。

图6-7中，θ_w 为楼层层间位移角，Δ_d 为阻尼器的位移，L_1 和 L_2 分别为左右两片墙肢长度的一半。阻尼器的位移角[105]计算公式为：

$$\begin{cases} \theta_d = \dfrac{\Delta_d}{2a} \\ \Delta_d(2L + L_1 + L_2)\theta_w \end{cases} \tag{6-27}$$

由式（6-27）可知，阻尼器的极限位移角与墙肢的极限层间位移角、连梁总长度、墙肢长度等参数成正比，与阻尼器长度成反比。我国抗震规范中规定钢筋混凝土剪力墙结构弹塑性层间位移角的限值为1/120，因此阻尼器层间

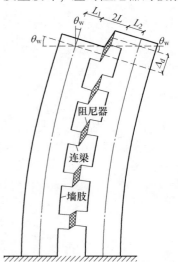

图6-7　减振结构体系变形示意图

位移角限值应满足式（6-28）。

$$\theta_{ud} \leqslant \frac{2L + L_1 + L_2}{240a} \tag{6-28}$$

6.5.2　疲劳寿命

　　强度、刚度和疲劳寿命是影响金属阻尼器正常使用功能的三大基础指标。所谓的疲劳是指材料在交变荷载作用下性能发生变化的现象。若材料在交变荷载作用下出现可见裂纹或完全断裂则称为疲劳破坏。研究表明，造成材料疲劳破坏的交变荷载一般会小于材料在静载作用下的极限承载力，且材料发生疲劳破坏之前没有明显的宏观塑性变形，所以疲劳破坏属于低应力脆性破坏[106]。鉴于疲劳破坏对构件或结构正常使用功能的巨大危害性，设计时应对材料的疲劳寿命采取严格的规定。

　　对于软钢阻尼器常用的 Q235 钢，其疲劳寿命估计公式[107,108]为：

$$\frac{\varepsilon_{in}}{2} \leqslant 0.103(2N_f)^{-0.4112} \tag{6-29}$$

式中，ε_{in} 为软钢非弹性应变幅值；N_f 为循环周数。

　　对于两种类型的软钢阻尼器的 ε_{in} 计算公式为：

$$\begin{cases} \varepsilon_{in} = \dfrac{4t\Delta_d}{a^2}, & \text{弯曲型阻尼器} \\[3mm] \varepsilon_{in} = \dfrac{\Delta_d}{a\sqrt{3}\,a}, & \text{剪切型阻尼器} \end{cases} \tag{6-30}$$

　　根据现行抗震设计规范可知，$N_f \geqslant 30$。结合式（6-27）、式（6-29）与式（6-30）可得软钢阻尼器的疲劳验算公式为：

$$\begin{cases} \dfrac{a^2}{t(2L + L_1 + L_2)} \geqslant 0.655, & \text{弯曲型阻尼器} \\[3mm] \dfrac{a}{(2L + L_1 + L_2)} \geqslant 0.047, & \text{剪切型阻尼器} \end{cases} \tag{6-31}$$

　　当设计的阻尼器的参数满足式（6-28）与式（6-31）时，耗能连梁能够保证极限使用状态下的工作要求。

7 刚度串联式耗能连梁结构设计实例

7.1 引言

本书4.8节提出了基于减震结构性能曲线的减震结构设计方法，继而第5章和第6章分别提出了减震结构阻尼器沿结构竖向和水平向布置的原则和方法。本章研究工作的主要内容有三点：第一，细化基于减震结构性能曲线的减震结构设计方法涉及的设计步骤和具体设计公式；第二，归纳梳理第5章和第6章的阻尼器空间布置优化计算公式的应用过程和应用步骤；第三，对提出的刚度串联式耗能连梁结构设计方法进行实例验证。

7.2 刚度串联式耗能连梁结构设计方法

基于前文研究内容，现将刚度串联式耗能连梁结构设计方法总结如下。设计过程主要包括7个步骤。

步骤1 初步确定单自由度减震系统弹性刚度比。

由表4-1可知，单自由度减震系统弹性刚度比与结构延性系数和阻尼器延性系数之间满足式（7-1）的关系：

$$\frac{K_d}{K_s} = \frac{\mu_d - \mu}{\mu - 1} \tag{7-1}$$

对于剪力墙结构减震系统，其位移延性系数 μ 可取值为5；对于软钢阻尼器，其位移延性系数 μ_d 可取值为15。

因此经由式（7-1）可知，对于连梁跨中安装软钢阻尼器的剪力墙结构，其单自由度减震系统的弹性刚度比取值约为2.5。

步骤2 基于振型分解反应谱法求取原结构各层侧移刚度 $k_{s,i}$。

对原结构进行振型分解反应谱分析，可获得结构各层在两个水平方向上的层间侧移和各层剪力，进而可求得原结构各层侧移刚度 $k_{s,i}$。

步骤3 进行阻尼器沿结构竖向布置设计。

按照步骤2得到原结构各层侧移刚度之后，根据式（5-24）可计算得到结构各层所需阻尼器总刚度。

得到结构各层所需阻尼器总刚度后，按照式（5-22）进行刚度验算。验算结果满足公式（5-22）要求后，方可进行步骤4。

步骤4 阻尼器设计。

根据第 6 章相关公式，可对软钢阻尼器的长度、钢板厚度、钢板高度等参数进行设计。

对于具有不同工作类型的软钢阻尼器，其对应设计参数计算公式具有很大差别。下面将对本章研究的两种常用软钢阻尼器类型的参数设计计算公式进行分别研究。

（1）弯曲型软钢阻尼器。

1）确定软钢阻尼器钢板厚度。对于弯曲型软钢阻尼器，其钢板厚度可采取常用厚度参数。一般情况下，每片软钢的厚度 t 在 10mm 左右。

2）确定软钢阻尼器半长度 a。根据式（6-17）和式（6-31），可得到弯曲型软钢阻尼器半长度设计计算公式为：

$$\sqrt{0.665t(2L + L_1 + L_2)} \leqslant a \leqslant \sqrt{\frac{tL(\lambda^2 + 5.37)}{0.85\lambda}} \tag{7-2}$$

3）确定软钢阻尼器钢板宽度 b。依据式（6-9），结合式（7-2）得到的阻尼器半长度，可对阻尼器横截面抗弯刚度进行设计和计算，计算公式如下：

$$b = \frac{24E_b I_b \lambda^2 a^2}{E_d(L^2 - a^2)(\lambda^2 + 3)t^3}, \qquad 且\ b \leqslant 钢筋混凝土连梁宽度 \tag{7-3}$$

4）确定软钢阻尼器钢板片数 n。结合式（6-17）和式（7-2），可得到 n 的计算公式为：

$$1 \leqslant n \leqslant \frac{6a(h_b - a'_s)A_s}{bt^2 L} \tag{7-4}$$

（2）剪切型软钢阻尼器。

1）确定软钢阻尼器半长度 a。根据式（6-31），同时为便于阻尼器的制造和施工，剪切型软钢阻尼器半长度可按式（7-5）进行计算：

$$a = \begin{cases} 0.75L, & 0.047(2L + L_1 + L_2) > 0.75L \\ 0.047(2L + L_1 + L_2), & 0.5L \leqslant 0.047(2L + L_1 + L_2) \leqslant 0.75L \\ 0.5L, & 0.047(2L + L_1 + L_2) < 0.5L \end{cases} \tag{7-5}$$

2）确定钢板高度 h_d。根据式（6-17），同时为便于阻尼器的制造和施工，剪切型软钢阻尼器钢板高度可按式（7-6）进行计算：

$$h_d = \begin{cases} h_b - 0.1, & \dfrac{L(\lambda^2 + 5.37)}{0.63\lambda} \geqslant h_b \\[2mm] 0.4h_b, & \dfrac{h_b}{4} \leqslant \dfrac{L(\lambda^2 + 5.37)}{0.63\lambda} < h_b \\[2mm] 0.25h_b, & \dfrac{L(\lambda^2 + 5.37)}{0.63\lambda} < \dfrac{h_b}{4} \end{cases} \tag{7-6}$$

3）确定钢板厚度 t。根据式（6-17）和式（7-6），同时为便于阻尼器的制造和施工，剪切型软钢阻尼器钢板厚度可按式（7-7）进行计算：

$$t = \begin{cases} 0.02, & \dfrac{6a(h_b - a'_s)}{h_d^2 L} \geqslant 0.02 \\[3mm] 0.015, & 0.005 \leqslant \dfrac{6a(h_b - a'_s)}{h_d^2 L} < 0.02 \\[3mm] 0.005, & \dfrac{6a(h_b - a'_s)}{h_d^2 L} < 0.005 \end{cases} \tag{7-7}$$

步骤 5　各层阻尼器刚度总刚度分配方案设计。

得到具有不同力学和几何参数的钢筋混凝土连梁对应的阻尼器设计参数之后，根据式（6-6），可得到两种类型软钢阻尼器的线刚度计算公式：

$$k_{d,\,ij} = \begin{cases} \dfrac{E_d n b t^2}{8a^3}, & \text{弯曲型软钢阻尼器} \\[3mm] \dfrac{E_d t h_d}{6a}, & \text{剪切型软钢阻尼器} \end{cases} \tag{7-8}$$

式中，i 是指楼层编号；j 是指连梁编号；$k_{d,\,ij}$ 是指第 i 楼层第 j 号连梁跨中软钢阻尼器线刚度。

确定阻尼器线刚度 $k_{d,\,ij}$ 后，按照式（7-9）的原则确定结构每层阻尼器布置数量和刚度。

$$k_{di} \approx \sum k_{d,\,ij} \tag{7-9}$$

式（7-9）成立的必要条件就是第 i 层 j 个阻尼器刚度之和约等于式（5-24）确定的第 i 层阻尼器需求总刚度。

此外，布置阻尼器时，应按照阻尼器沿结构水平方向对称布置、优先布置在跨高比较小的连梁、优先布置在不承担竖向荷载的连梁上的原则进行。

步骤 6　减震设计性能参数初步估计。

确定阻尼器刚度以及阻尼器位置之后，将结构所有阻尼器刚度数值相加得到阻尼器总刚度，并将得到的阻尼器总刚度除以原结构总刚度，即可得到减震结构刚度比，再结合前面假定的阻尼器延性系数，依据第 4 章的内容即可对减震结构的性能参数进行初步的估计。

步骤 7　弹塑性时程分析验证。

按照前述 5 个步骤即可确定软钢阻尼器在结构空间位置上的布置方案。确定阻尼器空间布置设计方案后，对设计后的减震结构进行弹塑性时程分析验证，以确定结构设计结果是否满足设计需求和相关规范的要求。当弹塑性时程分析结果满足预定的减震设计需求以及规范要求时，即可完成减震结构设计工作。

7.3　减震结构设计实例

采用 7.2 节给出的刚度串联式耗能连梁减震结构设计步骤和方法，以下对一栋典型的钢筋混凝土剪力墙结构进行消能减震设计。设计过程主要包括原结构基本信息介绍及有限元模型的建立软件和方法、消能减震设计过程和结果、弹塑性时程分析结果分析等三个方面。

7.3.1　原结构概况及有限元模型

7.3.1.1　结构设计参数及平面布置图

结构为钢筋混凝土剪力墙结构，功能为住宅，设计使用年限为50年，建筑抗震设防类别为丙类。主体结构总长度为23.6m，总宽度为17.35m，结构层高为2.9m，共计16层，结构总高度46.4m。结构抗震设防烈度为Ⅶ度，设计基本地震加速度0.10g，设计地震分组为第一组，建筑场地类型为Ⅱ类。结构基础类型为筏板基础。

原结构第一、二层以及第三至十六层剪力墙、连梁、框架梁等构件平面布置图和连梁编号分别如图7-1与图7-2所示。

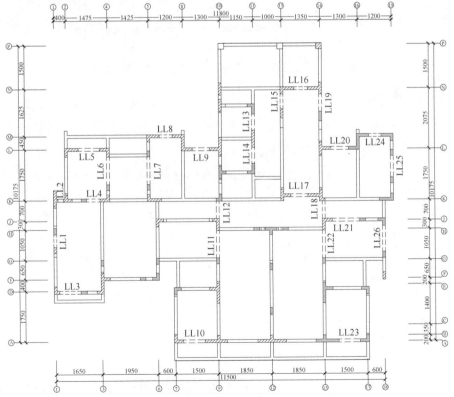

图7-1　结构1-2层剪力墙（绿）、连梁（粉红）、框架梁（浅蓝）、
柱（深蓝）平面布置（1：100）

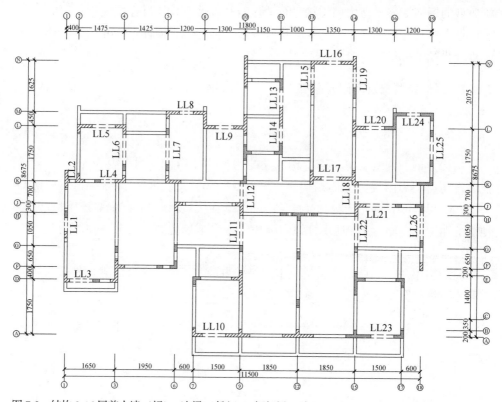

图 7-2　结构 3-16 层剪力墙（绿）、连梁（粉红）、框架梁（浅蓝）、柱（深蓝）平面布置（1∶100）

结构受力钢筋牌号为 HRB400，箍筋牌号为 HRB300。结构不同楼层使用的混凝土抗压强度等级变化情况见表 7-1。

表 7-1　主要结构构件混凝土强度等级变化

部　　位	立方体抗压强度等级	立方体抗压强度平均值/MPa	弹性模量/GPa
标高 14.5m 以下剪力墙、柱	C40	45	32.5
标高 14.5m 至标高 23.2m 区段剪力墙	C35	37	31.5
其余部位	C30	33.39	30
构造柱、过梁	C25	26.11	28

7.3.1.2　SeismoStruct 软件介绍

本书在求取结构各层总侧移刚度、结构底层横截面抗倾覆弯矩、结构底层横截面等效抗弯刚度、结构层间剪力以及弹塑性时程分析过程中，采用地震工程专业分析软件 SeismoStruct 2016 软件。

SeismoStruct 2016 软件是由意大利 seismosoft 软件公司开发的建筑结构专用有限元分析软件，该软件可以对建筑结构进行模态分析、静力分析、静力弹塑性分析（pushover）、静力自适应 pushover 分析、静力时程分析、动力时程分析、增量动力分析以及反应谱分析等 8 种结构分析类型。软件提供了钢结构、素混凝土结构、钢筋混凝土结构、钢–混凝土混合结构以及桥梁结构常见的构件截面类型，并且软件还集成了基于力的弹塑性梁–柱纤维单元、基于位移的弹塑性梁–柱纤维单元、基于力的弹塑性塑性铰梁–柱纤维单元、基于位移的弹塑性塑性铰梁–柱纤维单元、弹性梁–柱纤维单元、弹塑性桁架单元、弹塑性填充墙单元以及可以考虑土–结相互作用、隔震支座、消能减震阻尼器、结构构件耦合约束效应等功能的连接单元。

SeismoStruct 2016 软件分为前处理、求解器和后处理 3 个模块，其前处理模块操作界面如图 7-3 所示。

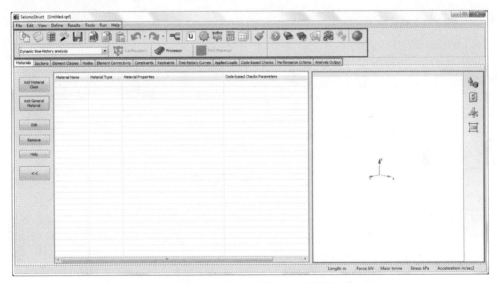

图 7-3 Seismostruct 2016 软件前处理模块操作界面

7.3.1.3 有限元模型

A 材料属性

Seismostruct 2016 软件具有 4 种钢材材料属性模型（包括 Bilinear steel 模型、Menegotto-Pinto steel 模型、Dodd-Restrepo steel 模型和 Monti-Nuti steel 模型）、4 种混凝土材料属性模型（包括 Trilinear concrete 模型、Mander et al. nonlinear concrete 模型、Chang-Mander nonlinear concrete 模型和 Kappos and Konstantinidis nonlinear concrete 模型）、1 种形状记忆合金材料属性模型、1 种 FRP 复合材料属性模型、1 种弹性材料属性模型。

本书建立的有限元模型中，所有混凝土的材料属性模型均采用 Mander et al.

nonlinear concrete 模型，而所有钢筋和软钢的材料属性模型均采用 Bilinear steel 模型。上述两种材料属性模型的滞回曲线分别如图 7-4 和图 7-5 所示。

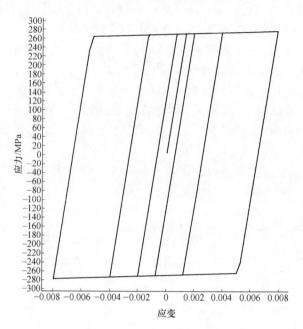

图 7-4　Bilinear steel 模型

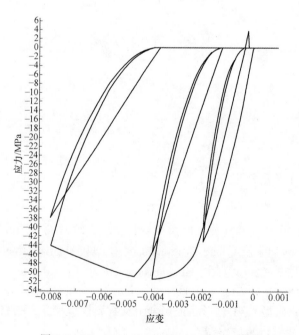

图 7-5　Mander et al. nonlinear concrete 模型

B 截面属性及单元类型

有限元模型钢筋混凝土构件横截面属性如图 7-6 所示。

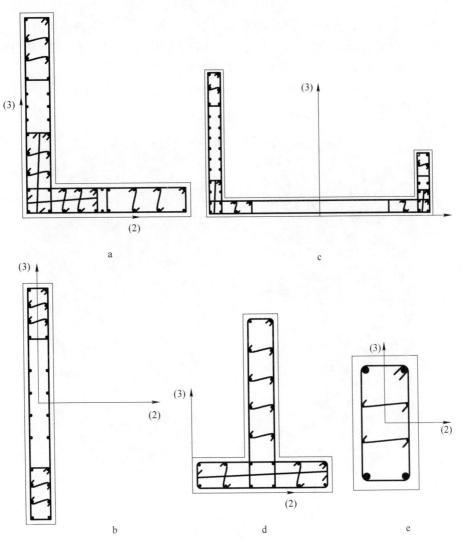

图 7-6 钢筋混凝土结构构件横截面属性

a—L 形剪力墙横截面；b—I 形剪力墙截面；c—U 形剪力墙横截面；

d—T 形剪力墙横截面；e—钢筋混凝土梁横截面

钢筋混凝土结构构件均采用基于位移的弹塑性铰梁-柱纤维单元（Inelastic displacement-based frame element）。软钢阻尼器则采用基于力的弹塑性梁-柱纤维单元（Inelastic force-based frame element）。

C　约束、边界条件和荷载

有限元模型所用楼板均采用刚性平面模拟,即假定楼板为刚度无穷大的平面。

对于边界条件,有限元模型结构底部所有节点6个自由度均被约束。

本文建立的有限元模型,其楼板自重、填充墙自重、活荷载等外部荷载均等效成线荷载施加到钢筋混凝土梁和剪力墙单元上。

根据图7-1和图7-2,采用 Seismostruct 2016 软件对原结构建立了如图7-7所示的有限元模型。

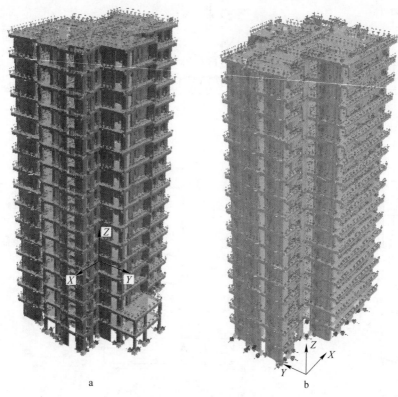

图 7-7　原结构有限元模型
a—透视图 1;b—透视图 2

7.3.2　消能减震结构设计

7.3.2.1　阻尼器沿结构空间布置方案设计

对如图7-7所示的有限元模型进行振型分解反应谱分析,可得到原结构各层的层间位移和层间剪力,最终可得到结构两个水平方向的侧移刚度。原结构 X 向

和 Y 向侧移刚度计算结果见表 7-2 和表 7-3。

表7-2　结构各层 X 向侧移刚度计算结果　　　　（kN/m）

楼层	1层	2层	3层	4层	5层	6层	7层	8层
侧移刚度	6319846	2830294	2025110	1674800	1506982	1375260	1323175	1375885
楼层	9层	10层	11层	12层	13层	14层	15层	16层
侧移刚度	1524774	1720103	1863477	1906993	1840380	1672621	1350368	1480366

表7-3　结构各层 Y 向侧移刚度计算结果　　　　（kN/m）

楼层	1层	2层	3层	4层	5层	6层	7层	8层
侧移刚度	11563378	4417382	2756421	2055773	1751961	1473165	1287171	1182383
楼层	9层	10层	11层	12层	13层	14层	15层	16层
侧移刚度	1135057	1144258	1176452	1200097	1182979	1107738	934954.1	1217174

　　此外，对图 7-7 所示原结构再次进行振型分解反应谱分析，以求得结构在给定荷载模式下的结构基底抗倾覆弯矩、基底横截面抗弯刚度和结构各层剪力。此次反应谱分析应输入设计反应谱。对于本算例，所输入的设计反应谱如图 7-8 所示。

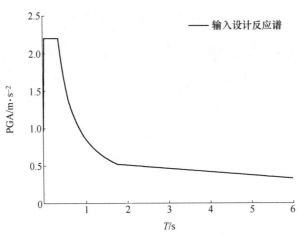

图 7-8　输入的设计反应谱形状

　　得到原结构两个水平方向各层侧移刚度、结构底部横截面抗弯刚度、抗倾覆弯矩以及结构在给定荷载模式下各层剪力数值之后，按照式（5-24）可得到各楼层两个水平方向所需阻尼器总刚度数值，见表 7-4 和表 7-5。

表 7-4　各楼层 X 向所需阻尼器刚度初步设计值　　　（kN/m）

楼层	1 层	2 层	3 层	4 层	5 层	6 层	7 层	8 层
需求刚度	0	0	0	0	8110812	3447035	1957904	1243929
楼层	9 层	10 层	11 层	12 层	13 层	14 层	15 层	16 层
需求刚度	853670.5	639554.3	511087.5	424307.5	354278.4	291716.4	217957.8	255930.5

表 7-5　各楼层 Y 向所需阻尼器刚度初步设计值　　　（kN/m）

楼层	1 层	2 层	3 层	4 层	5 层	6 层	7 层	8 层
需求刚度	35081218.47	7388342	3851232	2100282	1515260	1065594	779725.8	582666.2
楼层	9 层	10 层	11 层	12 层	13 层	14 层	15 层	16 层
需求刚度	447765.2	352752.2	285499.9	234118.9	190497.6	151227.7	110384.6	132977.6

7.3.2.2　连梁阻尼器设计

在设计软钢阻尼器之前，应首先计算钢筋混凝土连梁的力学参数。本书设计实例两个水平方向上钢筋混凝土连梁的力学参数见表 7-6 和表 7-7。

表 7-6　X 向连梁力学参数计算结果

编号	跨度/m	跨高比	抗弯刚度 /kN·m²	$2L_1$/m	$2L_2$/m
LL3	1.5	3.75	3.53×10^4	0.4	1.6
LL4	0.95	2.375	3.53×10^4	1.35	0.65
LL5	1.5	3.75	3.48×10^4	0.95	0.7
LL8	0.9	2.25	3.51×10^4	0.65	0.65
LL9	1.2	3	3.48×10^4	0.55	0.65
LL10	1.5	3.75	3.48×10^4	0.65	0.85
LL16	0.9	2.25	3.51×10^4	0.8	0.8
LL17	1.2	3	3.48×10^4	0.5	0.8
LL20	1.2	3	3.48×10^4	0.65	0.55
LL21	1.9	4.75	3.60×10^4	0.7	1.6

编号	跨度/m	跨高比	抗弯刚度 /kN·m²	$2L_1$/m	$2L_2$/m
LL23	1.5	3.75	3.48×10⁴	0.85	0.65
LL24	0.9	2.25	3.51×10⁴	0.65	0.65

表 7-7 *Y* 向连梁力学参数计算结果

编号	跨度/m	跨高比	抗弯刚度 /kN·m²	$2L_1$/m	$2L_2$/m
LL1	0.9	2.25	3.55×10⁴	2.2	3
LL6	1.9	4.75	3.53×10⁴	0.6	1
LL7	1.9	4.75	3.53×10⁴	1.3	1
LL11	1.9	4.75	3.48×10⁴	0.8	2
LL12	1.2	3	3.48×10⁴	0.2	0.8
LL13	1.1	2.75	3.48×10⁴	0.7	1.2
LL14	1.1	2.75	3.48×10⁴	1.2	0.7
LL15	1	2.5	3.51×10⁴	0.5	5.85
LL18	1.2	3	3.48×10⁴	0.2	0.8
LL19	1.2	3	3.48×10⁴	0.8	2.45
LL22	1.9	4.75	3.53×10⁴	0.8	2
LL25	1.5	3.75	3.53×10⁴	1.3	1.4
LL26	1.8	4.5	3.53×10⁴	0.5	1.7

本节选用剪切型软钢阻尼器布置在钢筋混凝土连梁跨中，所以可按照式 (7-5)~式 (7-7) 对具有不同力学参数的钢筋混凝土连梁对应的软钢阻尼器进行初步设计，初步得到阻尼器的长度、阻尼器高度以及钢板厚度等力学参数。确定阻尼器三大力学基本参数之后，可按照式 (7-8) 计算得到不同软钢阻尼器的侧移刚度。

设计过程中，当每一楼层根据初步设计结果计算得到的软钢阻尼器侧移刚度总和不满足设计需求时，可对初步得到的阻尼器三项力学参数进行合理调整，以使表 7-4 与表 7-5 中结构各层的阻尼器总需求刚度在结构水平方向上得到合理的分配。对阻尼器的 3 个力学参数进行调整时，应优先修改阻尼器钢板厚度数值，其次修改阻尼器高度数值，最后再考虑修改阻尼器长度数值。

本设计实例结构每层两个水平方向上阻尼器设计结果见表 7-8 和表 7-9。

表 7-8　X 向连梁跨中软钢阻尼器设计结果

楼层	编号	阻尼器长度 $2a/\text{m}$	阻尼器高度 h_d/m	钢板厚度 t/m	侧移刚度 $/\text{kN} \cdot \text{m}^{-1}$
第五层	LL3-5	0.75	0.3	0.02	533333
	LL4-5	0.475	0.3	0.02	842105
	LL5-5	0.75	0.3	0.02	533333
	LL8-5	0.45	0.3	0.02	888889
	LL9-5	0.6	0.3	0.02	666667
	LL10-5	0.75	0.3	0.02	533333
	LL16-5	0.45	0.3	0.02	888889
	LL17-5	0.6	0.3	0.02	666667
	LL20-5	0.6	0.3	0.02	666667
	LL21-5	0.95	0.3	0.02	421053
	LL23-5	0.75	0.3	0.02	533333
	LL24-5	0.45	0.3	0.02	888889
	阻尼器刚度总和				8063158
	楼层需求刚度				8110812
第六层	LL3-6	0.75	0.3	0.01	266667
	LL4-6	0.475	0.25	0.01	350877
	LL5-6	0.75	0.3	0.01	266667
	LL8-6	0.45	0.25	0.01	370370
	LL9-6	0.6	0.25	0.01	277778
	LL10-6	0.75	0.25	0.01	222222
	LL16-6	0.45	0.25	0.01	370370
	LL17-6	0.6	0.25	0.01	277778
	LL20-6	0.6	0.25	0.01	277778
	LL21-6	0.95	0.25	0.01	175439
	LL23-6	0.75	0.25	0.01	222222
	LL24-6	0.45	0.25	0.01	370370
	阻尼器刚度总和				3448538
	楼层需求刚度				3447035
第七层	LL3-7	0.75	0.3	0.01	266667
	LL5-7	0.75	0.3	0.01	266667
	LL10-7	0.75	0.25	0.01	222222
	LL16-7	0.45	0.25	0.01	370370

续表 7-8

楼层	编号	阻尼器长度 $2a/m$	阻尼器高度 h_d/m	钢板厚度 t/m	侧移刚度 $/kN \cdot m^{-1}$
第七层	LL17-7	0.6	0.25	0.01	277778
	LL23-7	0.75	0.25	0.01	222222
	LL24-7	0.45	0.25	0.01	370370
	阻尼器刚度总和				1996296
	楼层需求刚度				1957904
第八层	LL3-8	0.75	0.2	0.01	177778
	LL5-8	0.75	0.2	0.01	177778
	LL10-8	0.75	0.2	0.01	177778
	LL17-8	0.6	0.2	0.01	222222
	LL23-8	0.75	0.2	0.01	177778
	LL24-8	0.45	0.2	0.01	296296
	阻尼器刚度总和				1229630
	楼层需求刚度				1243929
第九层	LL3-9	0.75	0.1	0.01	88889
	LL5-9	0.75	0.15	0.01	133333
	LL10-9	0.75	0.1	0.01	88889
	LL16-9	0.45	0.15	0.01	222222
	LL23-9	0.75	0.15	0.01	133333
	LL24-9	0.45	0.15	0.01	222222
	阻尼器刚度总和				888889
	楼层需求刚度				853671
第十层	LL3-10	0.75	0.1	0.01	88889
	LL5-10	0.75	0.1	0.01	88889
	LL10-10	0.75	0.1	0.01	88889
	LL16-10	0.45	0.1	0.01	148148
	LL23-10	0.75	0.1	0.01	88889
	LL24-10	0.45	0.1	0.01	148148
	阻尼器刚度总和				651852
	楼层需求刚度				639554

楼层	编号	阻尼器长度 $2a/m$	阻尼器高度 h_d/m	钢板厚度 t/m	侧移刚度 $/kN \cdot m^{-1}$
第十一层	LL5-11	0.75	0.1	0.01	88889
	LL10-11	0.75	0.1	0.01	88889
	LL16-11	0.45	0.1	0.01	148148
	LL23-11	0.75	0.1	0.01	88889
	LL24-11	0.45	0.1	0.01	148148
	阻尼器刚度总和				562963
	楼层需求刚度				511088
第十二层	LL5-12	0.75	0.1	0.01	88889
	LL10-12	0.75	0.1	0.01	88889
	LL16-12	0.45	0.1	0.01	148148
	LL23-12	0.75	0.1	0.01	88889
	阻尼器刚度总和				414815
	楼层需求刚度				424308
第十三层	LL10-13	0.75	0.1	0.01	88889
	LL16-13	0.45	0.1	0.01	148148
	LL23-13	0.75	0.1	0.01	88889
	阻尼器刚度总和				325926
	楼层需求刚度				354278
第十四层	LL10-14	0.75	0.1	0.01	88889
	LL16-14	0.45	0.1	0.01	148148
	LL23-14	0.75	0.1	0.01	88889
	阻尼器刚度总和				325926
	楼层需求刚度				291716
第十五层	LL10-15	0.75	0.1	0.01	88889
	LL16-15	0.45	0.1	0.01	148148
	阻尼器刚度总和				237037
	楼层需求刚度				217958
第十六层	LL10-16	0.75	0.1	0.01	88889
	LL16-16	0.45	0.1	0.01	148148
	阻尼器刚度总和				237037
	楼层需求刚度				255931

注：表中连梁编号 LLAA-BB 中 AA 表示连梁编号（见图 7-1），BB 表示连梁所在楼层数。

表 7-9 Y 向连梁跨中软钢阻尼器设计结果

楼层	编号	阻尼器长度 $2a/m$	阻尼器高度 h_d/m	钢板厚度 t/m	侧移刚度 $/kN \cdot m^{-1}$
第一层	LL1-1	0.45	0.4	0.135	4000000
	LL6-1	0.95	0.4	0.135	1894737
	LL7-1	0.95	0.4	0.135	1894737
	LL11-1	0.95	0.4	0.135	1894737
	LL12-1	0.6	0.4	0.135	3000000
	LL13-1	0.55	0.4	0.135	3272727
	LL14-1	0.55	0.4	0.135	3272727
	LL15-1	0.5	0.4	0.135	3600000
	LL18-1	0.6	0.4	0.135	3000000
	LL19-1	0.6	0.4	0.135	3000000
	LL22-1	0.95	0.4	0.135	1894737
	LL25-1	0.75	0.4	0.135	2400000
	LL26-1	0.9	0.4	0.135	2000000
	阻尼器刚度总和				35124403
	楼层需求刚度				35081218
第二层	LL1-2	0.45	0.4	0.03	888889
	LL6-2	0.95	0.4	0.03	421053
	LL7-2	0.95	0.4	0.03	421053
	LL11-2	0.95	0.4	0.03	421053
	LL12-2	0.6	0.4	0.03	666667
	LL13-2	0.55	0.4	0.025	606061
	LL14-2	0.55	0.4	0.025	606061
	LL15-2	0.5	0.4	0.025	666667
	LL18-2	0.6	0.4	0.03	666667
	LL19-2	0.6	0.4	0.03	666667
	LL22-2	0.95	0.4	0.03	421053
	LL25-2	0.75	0.4	0.03	533333
	LL26-2	0.9	0.4	0.03	444444
	阻尼器刚度总和				7429665
	楼层需求刚度				7388342

楼层	编号	阻尼器长度 $2a/m$	阻尼器高度 h_d/m	钢板厚度 t/m	侧移刚度 $/kN \cdot m^{-1}$
第三层	LL1-3	0.45	0.25	0.02	370370
	LL6-3	0.95	0.25	0.025	219298
	LL7-3	0.95	0.25	0.025	219298
	LL11-3	0.95	0.25	0.025	219298
	LL12-3	0.6	0.25	0.025	347222
	LL13-3	0.55	0.25	0.025	378788
	LL14-3	0.55	0.25	0.025	378788
	LL15-3	0.5	0.25	0.02	333333
	LL18-3	0.6	0.25	0.025	347222
	LL19-3	0.6	0.25	0.025	347222
	LL22-3	0.95	0.25	0.025	219298
	LL25-3	0.75	0.25	0.025	277778
	LL26-3	0.9	0.25	0.025	231481
阻尼器刚度总和					3889398
楼层需求刚度					3851232
第四层	LL1-4	0.45	0.25	0.015	277778
	LL6-4	0.95	0.25	0.02	175439
	LL7-4	0.95	0.25	0.02	175439
	LL11-4	0.95	0.25	0.02	175439
	LL13-4	0.55	0.25	0.015	227273
	LL14-4	0.55	0.25	0.015	227273
	LL15-4	0.5	0.25	0.015	250000
	LL19-4	0.6	0.25	0.015	208333
	LL25-4	0.75	0.25	0.015	166667
	LL26-4	0.9	0.25	0.02	185185
阻尼器刚度总和					2068824
楼层需求刚度					2100282
第五层	LL1-5	0.45	0.25	0.01	185185
	LL6-5	0.95	0.25	0.015	131579
	LL7-5	0.95	0.25	0.015	131579
	LL11-5	0.95	0.25	0.015	131579
	LL13-5	0.55	0.25	0.01	151515

楼层	编号	阻尼器长度 2a/m	阻尼器高度 h_d/m	钢板厚度 t/m	侧移刚度 /kN·m^{-1}
第五层	LL14-5	0.55	0.25	0.01	151515
	LL15-5	0.5	0.25	0.01	166667
	LL19-5	0.6	0.25	0.015	208333
	LL25-5	0.75	0.25	0.015	166667
	LL26-5	0.9	0.25	0.015	138889
	阻尼器刚度总和				1563508
	楼层需求刚度				1515260
第六层	LL1	0.45	0.2	0.01	148148
	LL6	0.95	0.2	0.01	70175
	LL7	0.95	0.2	0.01	70175
	LL11	0.95	0.2	0.01	70175
	LL13	0.55	0.2	0.01	121212
	LL14	0.55	0.2	0.01	121212
	LL15	0.5	0.2	0.01	133333
	LL19	0.6	0.2	0.015	166667
	LL25	0.75	0.2	0.01	88889
	LL26	0.9	0.2	0.01	74074
	阻尼器刚度总和				1064062
	楼层需求刚度				1065594
第七层	LL1-7	0.45	0.15	0.015	166667
	LL6-7	0.95	0.15	0.01	52632
	LL11-7	0.95	0.15	0.01	52632
	LL13-7	0.55	0.15	0.01	90909
	LL14-7	0.55	0.15	0.01	90909
	LL15-7	0.5	0.15	0.015	150000
	LL19-7	0.6	0.15	0.015	125000
	LL26-7	0.9	0.15	0.01	55556
	阻尼器刚度总和				784304
	楼层需求刚度				779726
第八层	LL1-8	0.45	0.15	0.01	111111
	LL6-8	0.95	0.15	0.01	52632
	LL11-8	0.95	0.15	0.01	52632

续表 7-9

楼层	编号	阻尼器长度 $2a/m$	阻尼器高度 h_d/m	钢板厚度 t/m	侧移刚度 $/kN \cdot m^{-1}$
第八层	LL13-8	0.55	0.15	0.01	90909
	LL14-8	0.55	0.15	0.01	90909
	LL15-8	0.5	0.15	0.01	100000
	LL19-8	0.6	0.15	0.01	83333
	LL26-8	0.9	0.15	0.01	55556
	阻尼器刚度总和				637081
	楼层需求刚度				582666
第九层	LL1-9	0.45	0.1	0.01	74074
	LL6-9	0.95	0.1	0.01	35088
	LL11-9	0.95	0.1	0.01	35088
	LL13-9	0.55	0.1	0.01	60606
	LL14-9	0.55	0.1	0.01	60606
	LL15-9	0.5	0.1	0.01	66667
	LL19-9	0.6	0.15	0.01	83333
	LL26-9	0.9	0.1	0.01	37037
	阻尼器刚度总和				452499
	楼层需求刚度				447765
第十层	LL1-10	0.45	0.1	0.01	74074
	LL6-10	0.95	0.1	0.01	35088
	LL11-10	0.95	0.1	0.01	35088
	LL13-10	0.55	0.1	0.01	60606
	LL14-10	0.55	0.1	0.01	60606
	LL19-10	0.6	0.1	0.01	55556
	LL26-10	0.9	0.1	0.01	37037
	阻尼器刚度总和				358054
	楼层需求刚度				352752
第十一层	LL1-11	0.45	0.1	0.01	74074
	LL6-11	0.95	0.1	0.01	35088
	LL11-11	0.95	0.1	0.01	35088
	LL13-11	0.55	0.1	0.01	60606
	LL14-11	0.55	0.1	0.01	60606
	LL26-11	0.9	0.1	0.01	37037

续表 7-9

楼层	编号	阻尼器长度 2a/m	阻尼器高度 h_d/m	钢板厚度 t/m	侧移刚度 /kN·m⁻¹
第十一层	阻尼器刚度总和				302499
	楼层需求刚度				285500
第十二层	LL6-12	0.95	0.1	0.01	35088
	LL11-12	0.95	0.1	0.01	35088
	LL13-12	0.55	0.1	0.01	60606
	LL14-12	0.55	0.1	0.01	60606
	LL26-12	0.9	0.15	0.01	55556
	阻尼器刚度总和				246943
	楼层需求刚度				234119
第十三层	LL13-13	0.55	0.15	0.01	90909
	LL14-13	0.55	0.15	0.01	90909
	阻尼器刚度总和				181818
	楼层需求刚度				190498
第十四层	LL13-14	0.55	0.1	0.01	60606
	LL14-14	0.55	0.15	0.01	90909
	阻尼器刚度总和				151515
	楼层需求刚度				151228
第十五层	LL13-15	0.55	0.1	0.01	60606
	LL14-15	0.55	0.1	0.01	60606
	阻尼器刚度总和				121212
	楼层需求刚度				110385
第十六层	LL13-16	0.55	0.1	0.015	90909
	LL14-16	0.55	0.1	0.01	60606
	阻尼器刚度总和				151515
	楼层需求刚度				132978

注：表中连梁编号 LLAA-BB 中 AA 表示连梁编号，BB 表示连梁所在楼层数。

基于表 7-2 与表 7-3 得到的原结构各层侧移刚度数值，根据反应谱分析得到的原结构基底剪力和顶点位移即可计算得到原结构 X 和 Y 向的侧移刚度。原结构 X 向和 Y 向的侧移刚度分别为 2731651.95kN/m、2829728.53kN/m。

根据表 7-8 与表 7-9 可得减震结构 X 和 Y 方向阻尼器总刚度分别为 18382066kN/m、54527304kN/m。

将两个方向的阻尼器总刚度分别除以原结构对应方向的总侧移刚度，可得减震结构两个方向弹性刚度比分别为 6.73 和 19.27。由于结构的场地特征周期为 0.35s，假定阻尼器延性系数为 5，则根据式（4-23）和式（4-24），可初步得到减震结构两个方向的最大位移降低率和基底剪力降低率估计值分别为（0.776，0.487）和（0.822，0.681）。

连梁阻尼器设计完成之后，按照表 7-8 与表 7-9 中的设计结果将阻尼器布置在有限元模型中，即可得到如图 7-9 所示的减震结构有限元模型。

7.3.3　结构分析

对图 7-7 和图 7-9 进行模态分析和动力时程分析，以验证建立的有限元模型的科学合理性和消能减震设计的有效性。

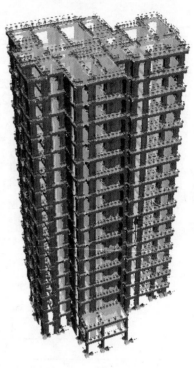

图 7-9　减震结构有限元模型

7.3.3.1　模态分析

原结构与减震结构的前六阶振型图分别如图 7-10 与图 7-11 所示。

将原结构与减震结构各阶振型对应的自振周期数值列于表 7-10 中；同时，表 7-10 还给出了减震结构各阶自振周期除以原结构对应振型的自振周期后所得的自振周期增大倍数，并根据模态质量分布情况给出了各阶振型的振型特征描述。

根据 GB 50009—2012《建筑结构荷载规范》附录 F 相关内容可知，钢筋混凝土结构基本自振周期可按式（7-10）计算：

$$T_1 = (0.05 \sim 0.1)n \tag{7-10}$$

式中，n 为建筑层数。

按照式（7-10），可计算得到原结构基本自振周期理论值在 0.8～1.6s 之间，有限元分析结果落在理论计算值区间内，说明有限元模型具有一定的可靠性。

对比表 7-10 中减震结构与原结构自振周期数值可知，减震结构各阶模态对应的自振周期略大于原结构基本周期，这一规律与刚度串联式减震结构刚度变化特征相符。

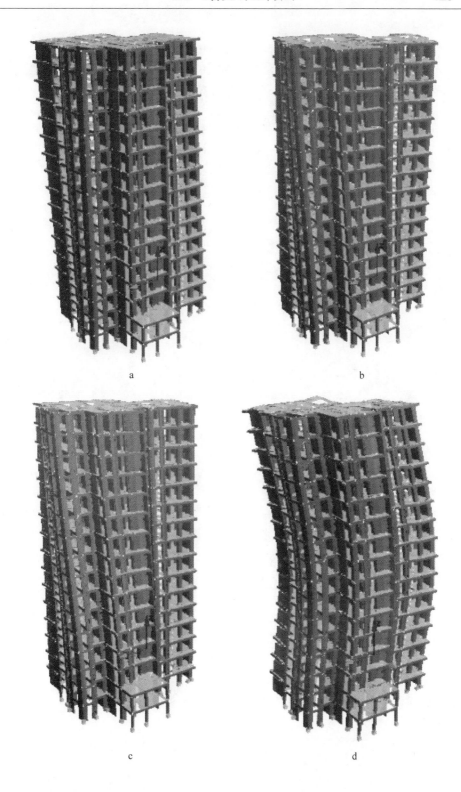

a

b

c

d

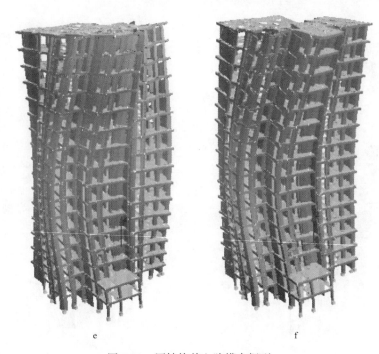

e　　　　　　　　　　　　　　f

图 7-10　原结构前六阶模态振型

a—模态振型 1；b—模态振型 2；c—模态振型 3；d—模态振型 4；e—模态振型 5；f—模态振型 6

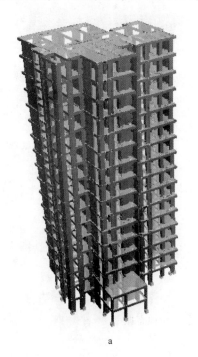

a　　　　　　　　　　　　　　b

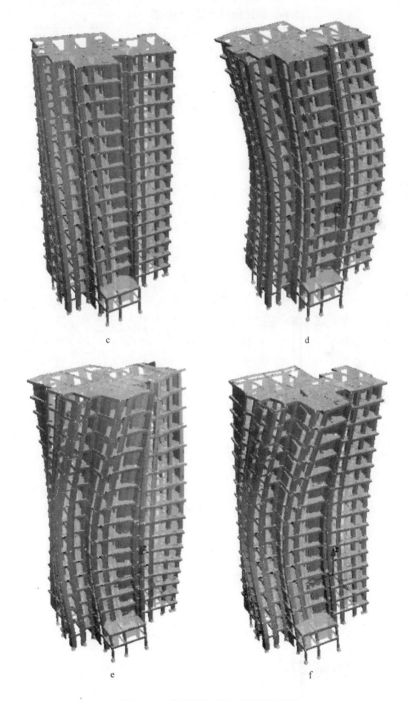

图 7-11 减震结构前六阶模态振型

a—模态振型 1；b—模态振型 2；c—模态振型 3；d—模态振型 4；e—模态振型 5；f—模态振型 6

表 7-10　原结构与减震结构模态分析结果

类别	振　型					
	第一阶	第二阶	第三阶	第四阶	第五阶	第六阶
原结构/s	1.386	1.225	1.043	0.384	0.322	0.267
减震结构/s	1.422	1.279	1.086	0.388	0.327	0.272
增大倍数	1.026	1.04	1.04	1.01	1.016	1.019
振型特征	X 向平动为主	Y 向平动为主	Y 向平动为主	Y 轴扭转为主	Z 轴扭转为主	X 轴扭转为主

此外，根据式（4-14）可得减震结构与原结构基本自振周期的比值计算公式为：

$$\frac{T_0}{T_s} = \sqrt{\frac{K_s}{K_0}} = \sqrt{\frac{K_s}{\frac{K_d K_s}{K_d + K_s}}} = \sqrt{1 + \frac{1}{K_d / K_s}} \qquad (7\text{-}11)$$

由前文分析可知设计的减震结构 X、Y 两个水平方向上弹性刚度比分别为 6.73 和 19.27，即减震结构与原结构 X、Y 两个水平方向基本自振周期的比值应为 1.072 和 1.0256，计算值分别与表 7-10 中所示结构第一阶及结构第二阶的模态分析结果相差不大，进一步说明了有限元建模软件和方法的可靠性。

7.3.3.2　地震记录选取

为对比分析减震结构与原结构结构反应的差异以及验证刚度串联式减震结构减震设计的效果，需选择地震动记录对原结构以及减震结构分别进行弹塑性时程分析。

选择地震动之前首先用式（3-33）计算得到各地震动所对应的特征周期，并考虑表 7-10 结构自振周期的特点、结构场地类别以及地震动的反应谱特征，选择出如表 7-11 所示的三条地震动。

表 7-11　所选 3 条地震动基本信息

序号	台站地点	地震	震级 (里氏)	特征周期 /s	v_{s30} /m·s^{-1}	场地类别	发震日期
1	Bonds Corner	Imperial Valley-6	M6.5	方向 1：0.171 方向 2：0.165	223	D	19791015
2	Site 2	Nahanni，Canada	M 6.8	方向 1：0.201 方向 2：0.234	660	C	19851223
3	Petrolia	Cape Mendocino	M 7.0	方向 1：0.377 方向 2：0.321	713	C	19920425

注：表中场地类别按照美国规范 ASCE 7-02 划分。

图 7-12 所示为 3 条地震动的时程曲线。

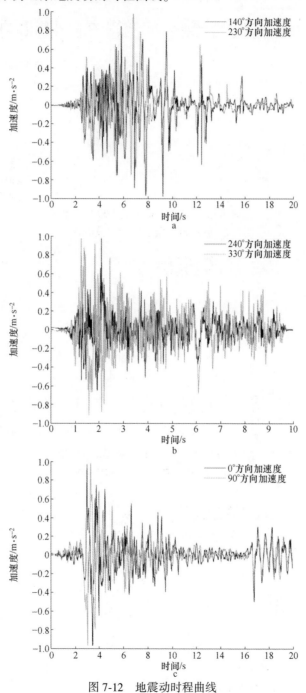

图 7-12　地震动时程曲线

a—Imperial Valley-6 Bonds Corner 地震动时程；b—Nahanni，Canada Site 2 地震动时程；

c—Cape Mendocino Petrolia 地震动时程

图 7-13～图 7-15 为 3 条地震动对应的加速度反应谱和位移反应谱。

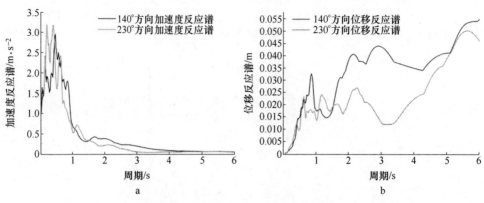

图 7-13　Bonds Corner 地震动反应谱

a—加速度反应谱；b—位移反应谱

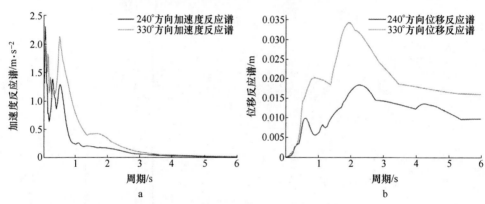

图 7-14　Nahanni Site 2 地震动反应谱

a—加速度反应谱；b—位移反应谱

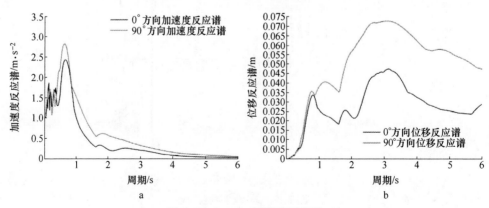

图 7-15　Petrolia 地震动反应谱

a—加速度反应谱；b—位移反应谱

7.3.3.3 弹塑性动力时程分析工况

分别在原结构和减震结构上双向输入表 7-11 所示的 3 条地震动,并将地震动峰值分别调幅为 $0.05g$($PGA = 0.4905\text{m/s}^2$)、$0.1g$($PGA = 0.981\text{m/s}^2$)、$0.2g$($PGA = 1.962\text{m/s}^2$)、$0.4g$($PGA = 3.924\text{m/s}^2$)、$0.6g$($PGA = 5.886\text{m/s}^2$),以进行弹塑性时程分析。

减震结构中,软钢阻尼器横截面属性都为矩形实心钢板,钢板屈服强度为 235MPa。

7.3.4 结果分析

从结构平面图中选择出如图 7-16 所示的 7 个层间位移角数据提取点。

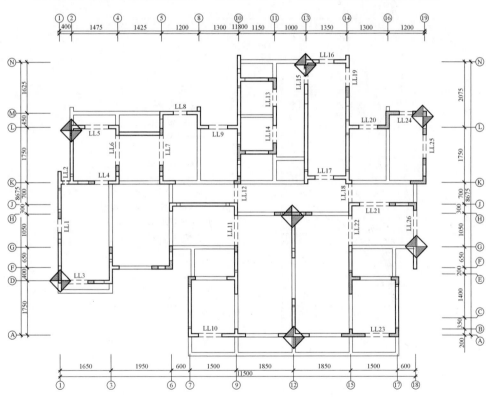

图 7-16 层间位移角数据提取点示意图

原结构与减震结构在 3 条地震动、不同 PGA 幅值作用下 X、Y 两个方向的层间位移角变化情况如图 7-17~图 7-19 所示。

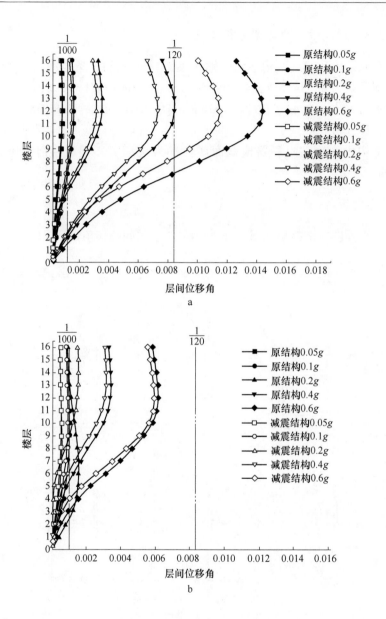

图 7-17　Bonds Corner 地震动作用下结构层间位移角变化情况

a—X 向层间位移角；b—Y 向层间位移角

　　将减震结构与原结构在不同 *PGA* 的 3 条地震动作用下得到的最大层间位移角数值列于表 7-12 中，并将减震结构的最大层间位移角除以原结构对应的最大层间位移角，可得最大层间位移角降低率。

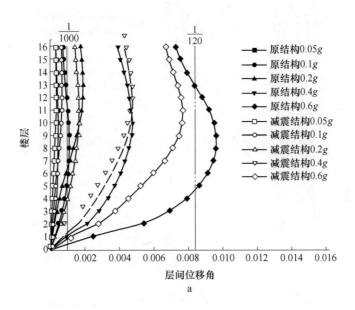

a

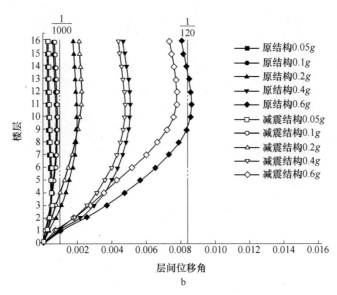

b

图 7-18 Nahanni Site 2 地震动作用下结构层间位移角变化情况

a—X 向层间位移角；b—Y 向层间位移角

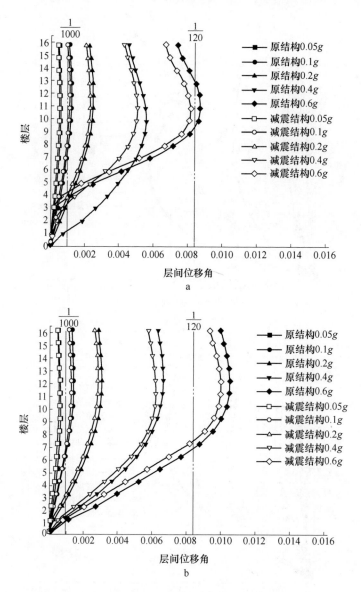

图 7-19　Petrolia 地震动作用下结构层间位移角变化情况
a—X 向层间位移角；b—Y 向层间位移角

　　对比表 7-12 中的结果可知，无论是减震结构还是原结构，在"小震"（PGA < 0.5g）作用下结构最大层间位移角均小于规范中 $\dfrac{1}{1000}$ 的限制，在"大震"（PGA = 0.2g）作用下最大层间位移角均小于规范中 $\dfrac{1}{120}$ 的限制，即表明减震结

7.3 减震结构设计实例

表 7-12　各 PGA 水平下最大层间位移角

PGA			0.05g			0.1g			0.2g			0.4g			0.6g	
地震序号		1	2	3	1	2	3	1	2	3	1	2	3	1	2	3
减震结构	X	$\frac{1}{1539}$	$\frac{1}{2550}$	$\frac{1}{1669}$	$\frac{1}{745}$	$\frac{1}{1383}$	$\frac{1}{851}$	$\frac{1}{328}$	$\frac{1}{595}$	$\frac{1}{426}$	$\frac{1}{139}$	$\frac{1}{210}$	$\frac{1}{196}$	$\frac{1}{87}$	$\frac{1}{131}$	$\frac{1}{122}$
	Y	$\frac{1}{1837}$	$\frac{1}{1875}$	$\frac{1}{1570}$	$\frac{1}{1039}$	$\frac{1}{1142}$	$\frac{1}{754}$	$\frac{1}{645}$	$\frac{1}{443}$	$\frac{1}{348}$	$\frac{1}{315}$	$\frac{1}{210}$	$\frac{1}{160}$	$\frac{1}{168}$	$\frac{1}{129}$	$\frac{1}{100}$
原结构	X	$\frac{1}{1492}$	$\frac{1}{2074}$	$\frac{1}{1065}$	$\frac{1}{673}$	$\frac{1}{892}$	$\frac{1}{793}$	$\frac{1}{291}$	$\frac{1}{522}$	$\frac{1}{395}$	$\frac{1}{120}$	$\frac{1}{211}$	$\frac{1}{178}$	$\frac{1}{69}$	$\frac{1}{104}$	$\frac{1}{115}$
	Y	$\frac{1}{1808}$	$\frac{1}{1994}$	$\frac{1}{1463}$	$\frac{1}{981}$	$\frac{1}{1236}$	$\frac{1}{697}$	$\frac{1}{632}$	$\frac{1}{498}$	$\frac{1}{325}$	$\frac{1}{291}$	$\frac{1}{198}$	$\frac{1}{150}$	$\frac{1}{162}$	$\frac{1}{116}$	$\frac{1}{95}$
降低率	X	0.969	0.813	0.638	0.903	0.645	0.932	0.887	0.877	0.927	0.863	1	0.908	0.793	0.794	0.943
	X（平均）	**0.807**			**0.827**			**0.897**			**0.924**			**0.843**		
	Y	0.984	1.063	0.932	0.944	1.082	0.924	0.980	1.124	0.934	0.924	0.943	0.938	0.964	0.899	0.95
	Y（平均）	**0.993**			**0.983**			**1.013**			**0.935**			**0.938**		

注：表中加粗数值为降低率在 3 条地震动作用下的平均值。

· 133 ·

构和原结构均满足"小震不坏"和"大震不到"的抗震设防要求。减震结构在两个水平方向上的最大层间位移角基本上小于原结构的最大层间位移角，但相较于 Y 方向来说减震结构在 X 向的层间位移角降低效应较为明显，这与结构 X 向弹性刚度比要小于 Y 向弹性刚度比这一因素密切相关。

提取每一次时程分析得到的结构基底剪力时程和顶点最大位移反应时程，可得到结构的基底剪力时程曲线和顶点最大位移时程曲线，如图 7-20 ~ 图 7-25 所示。

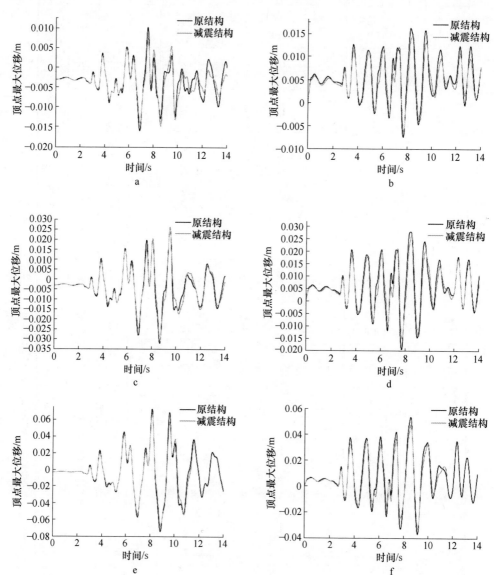

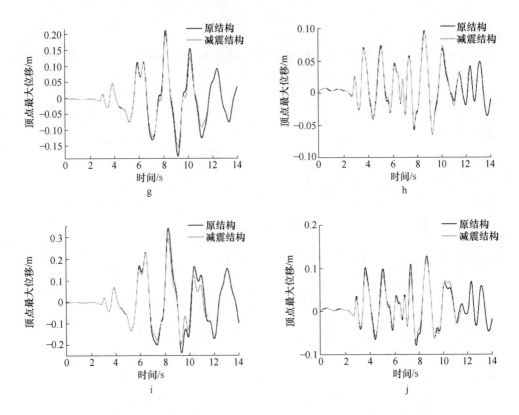

图 7-20 Bonds Corner 地震动作用下结构顶点最大位移反应时程变化情况

a—0.05g 幅值时 X 向顶点最大位移时程；b—0.05g 幅值时 Y 向顶点最大位移时程；

c—0.1g 幅值时 X 向顶点最大位移时程；d—0.1g 幅值时 Y 向顶点最大位移时程；

e—0.2g 幅值时 X 向顶点最大位移时程；f—0.2g 幅值时 Y 向顶点最大位移时程；

g—0.4g 幅值时 X 向顶点最大位移时程；h—0.4g 幅值时 Y 向顶点最大位移时程；

i—0.6g 幅值时 X 向顶点最大位移时程；j—0.6g 幅值时 Y 向顶点最大位移时程

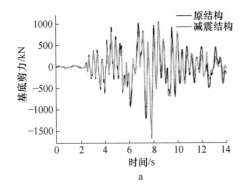

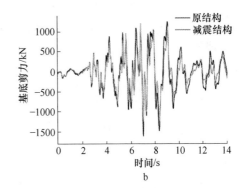

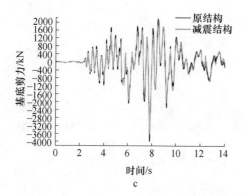

c

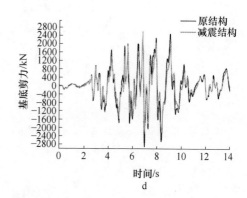

d

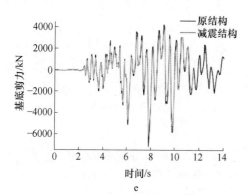

e

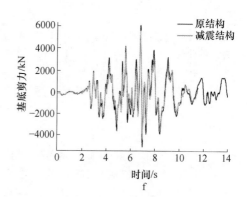

f

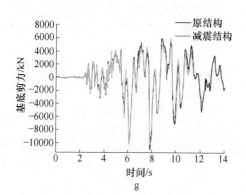

g

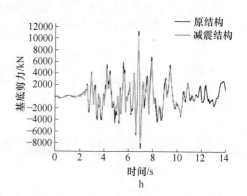

h

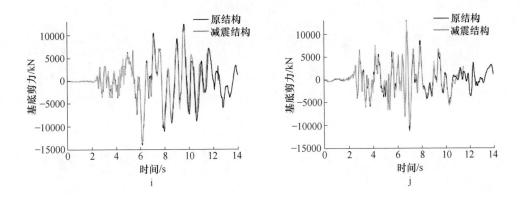

图 7-21 Bonds Corner 地震动作用下结构基底剪力反应时程变化情况

a—0.05g 幅值时 X 向基底剪力时程；b—0.05g 幅值时 Y 向基底剪力时程；c—0.1g 幅值时 X 向基底剪力时程；

d—0.1g 幅值时 Y 向基底剪力时程；e—0.2g 幅值时 X 向基底剪力时程；f—0.2g 幅值时 Y 向基底剪力时程；

g—0.4g 幅值时 X 向基底剪力时程；h—0.4g 幅值时 Y 向基底剪力时程；

i—0.6g 幅值时 X 向基底剪力时程；j—0.6g 幅值时 Y 向基底剪力时程；

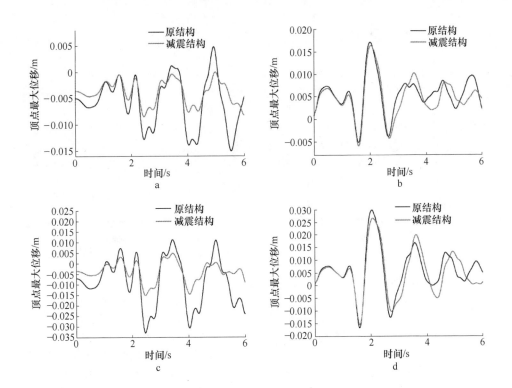

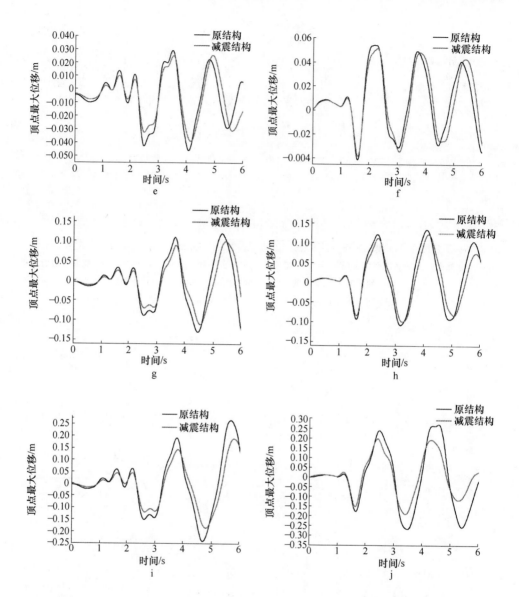

图 7-22　Nahanni Site 2 地震动作用下结构顶点最大位移反应时程变化情况

a—0.05g 幅值时 X 向顶点最大位移时程；b—0.05g 幅值时 Y 向顶点最大位移时程；

c— 0.1g 幅值时 X 向顶点最大位移时程；d—0.1g 幅值时 Y 向顶点最大位移时程；

e— 0.2g 幅值时 X 向顶点最大位移时程；f—0.2g 幅值时 Y 向顶点最大位移时程；

g— 0.4g 幅值时 X 向顶点最大位移时程；h—0.4g 幅值时 Y 向顶点最大位移时程；

i—0.6g 幅值时 X 向顶点最大位移时程；j—0.6g 幅值时 Y 向顶点最大位移时程

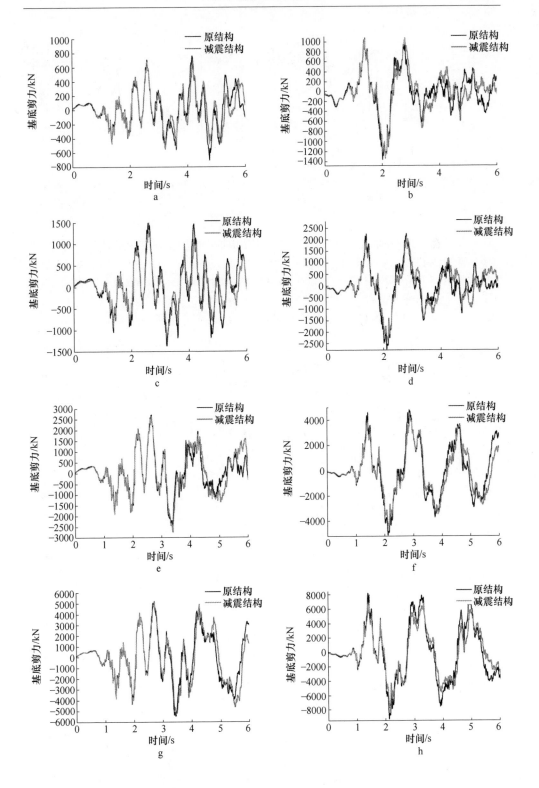

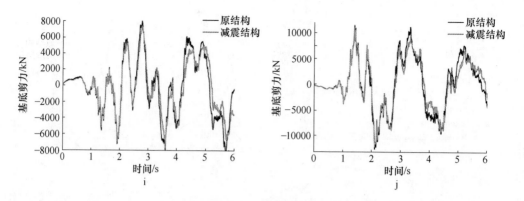

图 7-23　Nahanni Site 2 地震动作用下结构基底剪力反应时程变化情况

a—0.05g 幅值时 X 向基底剪力时程；b—0.05g 幅值时 Y 向基底剪力时程；c—0.1g 幅值时 X 向基底剪力时程；

d—0.1g 幅值时 Y 向基底剪力时程；e—0.2g 幅值时 X 向基底剪力时程；f—0.2g 幅值时 Y 向基底剪力时程；

g—0.4g 幅值时 X 向基底剪力时程；h—0.4g 幅值时 Y 向基底剪力时程；

i—0.6g 幅值时 X 向基底剪力时程；j—0.6g 幅值时 Y 向基底剪力时程

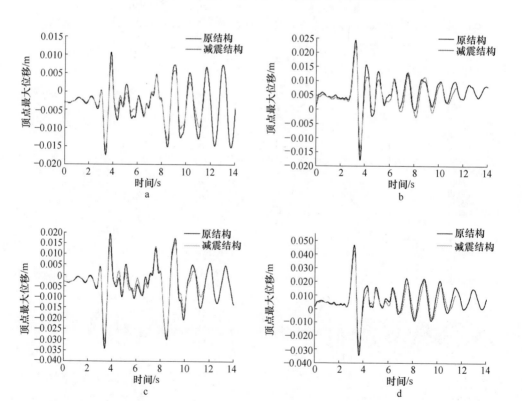

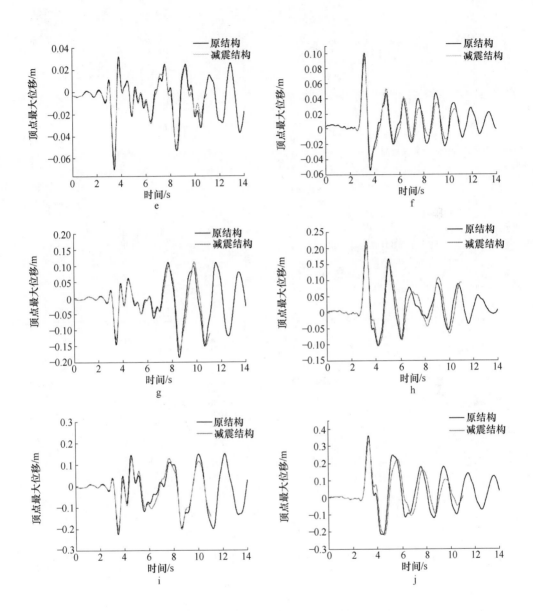

图 7-24 Petrolia 地震动作用下结构顶点最大位移反应时程变化情况

a—0.05g 幅值时 X 向顶点最大位移时程；b— 0.05g 幅值时 Y 向顶点最大位移时程；

c—0.1g 幅值时 X 向顶点最大位移时程；d— 0.1g 幅值时 Y 向顶点最大位移时程；

e—0.2g 幅值时 X 向顶点最大位移时程；f—0.2g 幅值时 Y 向顶点最大位移时程；

g—0.4g 幅值时 X 向顶点最大位移时程；h—0.4g 幅值时 Y 向顶点最大位移时程；

i—0.6g 幅值时 X 向顶点最大位移时程；j—0.6g 幅值时 Y 向顶点最大位移时程

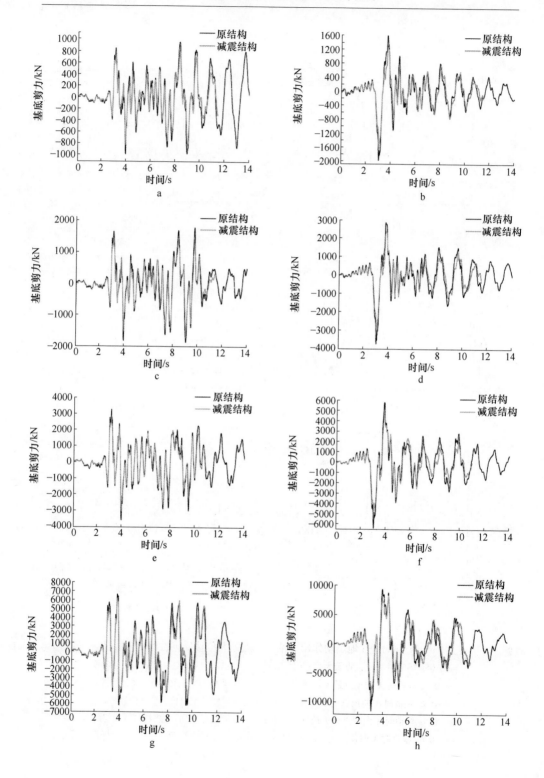

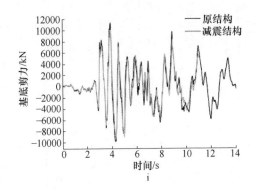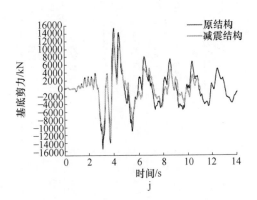

图 7-25 Petrolia 地震动作用下结构基底剪力反应时程变化情况

a—0.05g 幅值时 X 向基底剪力时程；b—0.05g 幅值时 Y 向基底剪力时程；

c—0.1g 幅值时 X 向基底剪力时程；d—0.1g 幅值时 Y 向基底剪力时程；

e—0.2g 幅值时 X 向基底剪力时程；f—0.2g 幅值时 Y 向基底剪力时程；

g—0.4g 幅值时 X 向基底剪力时程；h—0.4g 幅值时 Y 向基底剪力时程；

i—0.6g 幅值时 X 向基底剪力时程；j—0.6g 幅值时 Y 向基底剪力时程

图中减震结构的顶点位移和基底剪力反应都为主结构的结构反应。由图 7-20~图 7-25 可知，与原结构相比，减震结构主结构部分的基底剪力和顶点最大位移都会降低。表 7-13、表 7-14 分别列出了减震结构与原结构最大顶点位移和最大基底剪力的数值以及不同地震动各 PGA 水平下最大顶点位移降低率和最大基底剪力降低率。

由表 7-13 和表 7-14 可知，减震结构中主结构的最大基底剪力和最大位移反应均小于原结构的结构反应。由弹塑性时程分析结果可知，设计的减震结构 X、Y 两个方向的平均最大位移降低率和平均基底剪力降低率分别为 (0.845，0.917) 和 (0.921，0.900)，根据减震结构性能曲线得到的两个水平方向最大位移降低率和基底剪力降低率估计值分别为 (0.776，0.487) 和 (0.822，0.681)。

结果表明，弹塑性时程分析结果与初步估计结果之间具有一定的误差，误差产生的主要原因有：（1）减震结构性能曲线是在单自由度动力学系统的基础上依据反应谱原理推导而来的，而弹塑性时程分析使用的有限元模型为复杂的多自由度动力学系统，所以弹塑性时程分析得到的结果必然和根据减振结构性能曲线得到的结果存在差异；（2）本章设计实例选择的原结构平面布置较为不规则，由模态分析结果可知结构扭转振型较多，而结构扭转振型的存在会要求结构分析时应考虑结构两个水平方向结构反应的耦合效应，但本书建立的减震结构设计方法暂时还没有考虑两个水平方向结构反应的耦合效应；（3）在构建阻尼器沿结构高度方向布置方法的过程中，本书假定钢筋混凝土剪力墙结构在侧向荷载作用下为纯弯曲型变形结构，但实际应用过程中对于层数不算太高的钢筋混凝土剪力墙结构在侧向荷载作用下弯曲型变形和剪切型变形应同时存在。

表 7-13　各 PGA 水平下最大顶点位移变化情况　　　　　　　　　　　　　　　　　　（m）

PGA		0.05g			0.1g			0.2g			0.4g			0.6g		
地震序号		1	2	3	1	2	3	1	2	3	1	2	3	1	2	3
减震结构	X	0.015	0.008	0.016	0.0345	0.015	0.031	0.068	0.039	0.062	0.200	0.111	0.163	0.296	0.190	0.203
	Y	0.015	0.016	0.022	0.0296	0.027	0.043	0.048	0.052	0.093	0.094	0.122	0.204	0.120	0.198	0.330
原结构	X	0.016	0.015	0.017	0.032	0.033	0.034	0.074	0.046	0.069	0.212	0.130	0.185	0.342	0.267	0.224
	Y	0.016	0.017	0.024	0.028	0.030	0.047	0.054	0.054	0.101	0.097	0.134	0.223	0.129	0.309	0.360
降低率	X	0.925	0.572	0.918	1.074	0.461	0.902	0.914	0.839	0.898	0.946	0.854	0.881	0.868	0.711	0.909
	(平均)		**0.805**			**0.812**			**0.884**			**0.894**			**0.829**	
	Y	0.906	0.960	0.914	1.061	0.893	0.912	0.891	0.948	0.922	0.979	0.912	0.917	1.047	0.641	0.916
	(平均)		**0.926**			**0.955**			**0.920**			**0.936**			**0.868**	

注：表中加粗数值为降低率在 3 条地震动作用下的平均值。

表 7-14　各 PGA 水平下最大基底剪力变化情况　　　　　　　　　　　　　　　　　　（kN）

PGA		0.05g			0.1g			0.2g			0.4g			0.6g		
地震序号		1	2	3	1	2	3	1	2	3	1	2	3	1	2	3
减震结构	X	1650	672.6	815.2	4050	1369	1549	6210	2732	3061	10323	5358	6172	13665	7743	10127
	Y	1258	1349	1617	2903	2411	3412	5591	4527	5560	10567	7754	9461	12952	12063	13119
原结构	X	1682	752.1	967.1	3979	1607	1870	7172	2719	3592	11022	5496	6656	14070	8479	11343
	Y	1609	1376	1978	2906	2750	3742	6074	5110	6390	11277	9318	11423	13434	12505	15482
降低率	X	0.981	0.894	0.843	1.018	0.852	0.828	0.866	1.005	0.852	0.937	0.975	0.927	0.971	0.913	0.893
	(平均)		**0.906**			**0.899**			**0.908**			**0.946**			**0.926**	
	Y	0.782	0.981	0.817	0.999	0.877	0.912	0.921	0.886	0.870	1.023	0.832	0.828	0.964	0.965	0.847
	(平均)		**0.860**			**0.929**			**0.892**			**0.894**			**0.925**	

注：表中加粗数值为降低率在 3 条地震动作用下的平均值。

　　但无论是弹塑性时程分析结果还是减震结构性能曲线初步估计结果，其数值都小于 1。同时鉴于弹塑性时程分析结果和减震结构性能曲线初步估计结果之间的误差在可接受的范围之内，所以可以认为本书建立的基于减震结构性能曲线的刚度串联式减震结构设计方法具有一定的可靠性和实用性。

参 考 文 献

［1］ Anil K Chopra. 结构动力学—理论及其在地震工程中的应用 ［M］. 2版. 谢礼立, 吕大刚, 译. 北京: 高等教育出版社, 2007.

［2］ 高孟潭. GB 18306—2015《中国地震动参数区划图》宣贯教材 ［J］. 北京: 中国标准出版社, 2015.

［3］ 中国地震台网中心, 地震出版社. 中国及邻区地震震中分布图 2015 版 ［M］. 北京: 地震出版社, 2015.

［4］ 包世华, 方鄂华. 高层建筑结构设计 ［M］. 北京: 清华大学出版社, 1985.

［5］ Stephen Hartzell. Variability in nonlinear sediment response during the 1994 Northridge, California, earthquake ［J］. Bulletin of the Seismological Society of America, 1998, 88 (6): 1426-1437.

［6］ 胡庆昌, 译. 1985 年智利地震多层及高层钢筋砼剪力墙结构的表现及其设计方法的探讨 ［J］. 建筑结构, 1993 (9): 51-57.

［7］ 周颖, 吕西林. 智利地震钢筋混凝土高层建筑震害对我国高层结构设计的启示 ［J］. 建筑结构学报, 2011, 32 (5): 17-23.

［8］ Kam W Y, Pampanin S, Elwood K. Seismic Performance of Reinforced Concrete Buildings in the 22 February Christchurch (Lyttelton) Earthquake, Bulletin of the New Zealand Society for Earthquake Engineering, 2011: 44.

［9］ 王亚勇. 汶川地震建筑震害启示——抗震概念设计 ［J］. 建筑结构学报, 2008, 29 (4): 20-25.

［10］ 梁兴文, 董振平, 王应生, 等. 汶川地震中离震中较远地区的高层建筑的震害 ［J］. 地震工程与工程振动, 2009 (1): 24-31.

［11］ 中国建筑科学研究院. GB 50011—2010 建筑抗震设计规范 ［S］. 北京: 中国建筑工业出版社, 2010.

［12］ 中国建筑科学研究院. JGJ 3—2010 高层建筑混凝土结构技术规程 ［S］. 北京: 中国建筑工业出版社, 2010.

［13］ Dawn E Lehman, Jacob A Turgeon, Anna C Birely, et al. Seismic Behavior of a Modern Concrete Coupled Wall ［J］. Journal of Structural Engineering, 2013, 139 (8): 1371-1381.

［14］ Paulay T, Binney J R. Diagonally Reinforced Coupling Beams of Shear Walls ［J］. ACI Special Publication, 1974, 2: P579-598.

［15］ Zhao Z Z, Kwan A K H, He X G. Nonlinear finite element analysis of deep reinforced concrete coupling beams ［J］. Engineering Structures, 2004, 26(1): 13-25.

［16］ Theodosios P Tassios, Marina Moretti, Antonios Bezas. On the Behavior and Ductility of Reinforced Concrete Coupling Beams of Shear Walls ［J］. ACI STRUCTURAL JOURNAL, 1996, 93 (6): 711-719.

［17］ American Concrete Institute. ACI 318-08 Building Code Requirements for Structural Conctrete and Commentary ［S］. Farmington Hills, ACI Standard, 2008.

［18］American Concrete Institute. ACI 318-11 Building Code Requirements for Structural Conctrete and Commentary ［S］. Farmington Hills, ACI Standard, 2011.

［19］American Concrete Institute. ACI 318-14 Building Code Requirements for Structural Conctrete and Commentary ［S］. Farmington Hills, ACI Standard, 2014.

［20］New Zealand Standard, NZS 3101 Concrete Structures Standard and the Design of Concrete Structures ［S］. New Zealand, 1995.

［21］Canadian Standards Association. CSA Standard A 23. 3-04 Design of Concrete Structures ［S］. Canada, 2004.

［22］European committee for standardization. Eurocode 8 Design Provisions for Earthquake Resistance of Structure ［S］. European Prestandard, 1995.

［23］Barney G B, Shiu K N, Rabbat B G, et al. Behavior of Coupling Beams Under Load Reversals ［M］. Portland Cement Association, 1980.

［24］Tegos I A, Gr Penelis G. Seismic Resistance of Short Columns and Coupling Beams Reinforced with Inclined Bars ［J］. ACI Structural Journal, 1988, 85（1）: 82-88.

［25］Newmark M, Siess C, Viest I. Tests and analysis of composite beams with incomplete interaction ［C］//Proc Soc Experimen Stress Anal 1951, 9(1): 75-92.

［26］Henderson I E J, Zhu X Q, Uy B, et al, Dynamic behaviour of steel-concrete composite beams with different types of shear connectors. Part I: Experimental study ［J］. Engineering Structures, 2015, 103: 308-317.

［27］Coull A. Stiffening of Coupled Shear Walls Against Foundation Movement ［J］. The Structural Engineer, 1974, 52: 1.

［28］韩小雷. 带刚性连梁的双肢剪力墙及其结构控制性能的研究 ［D］. 广州:华南理工大学博士学位论文, 1991.

［29］SUBEDI N K, BAGLIN P S. Plate reinforced concrete beams: experimental work ［J］. Engineering Structures, 1997, 21（3）: 232-254.

［30］Subedi N K. Reinforced concrete deep beams: A method of analysis ［C］//Proceedings of ICE, Part 2, March 1988: 1-29.

［31］Bahram M Shahrooz, Mark E Remmetter, Fei Qin. Seismic Design and Performance of Composite Coupled Walls. ASCE Structural Journal ［J］. Journal of Structural Engineering, 1993, 119（11）: 3291-3309.

［32］Gong B, Harries K. A, Shahrooz M. Steel-concrete composite coupling beams-behavior and design ［J］. Engineering Structures, 2001, 23（4）: 1480-1490.

［33］Gong Bingnian, Bahram M Shahrooz. Concrete-Steel Composite Coupling Beams. I: Component Testing ［J］. Journal Structural Engineering, 2001, 127（6）: 625-631.

［34］Gong Bingnian, Bahram M Shahrooz. Concrete-Steel Composite Coupling Beams. II: Subassembly Testing and Design Verification ［J］. Journal of Structural Engineering, 2001, 127（6）: 632-638.

［35］李国威，李文明. 反复荷载下钢筋混凝土剪力墙连系梁的强度和延性 ［J］. 清华大学抗

震抗爆研究室, 1984.

[36] 王崇昌, 王宗哲, 陈平, 等. 钢筋混凝土剪力墙的延性 [J]. 西安冶金建筑学院学报, 1987, 1: 15-24.

[37] 曹征良, 丁大钧, 程文瀼. 剪力墙结构自控连梁的试验研究 [J]. 东南大学学报, 1991, 21 (4): 45-52.

[38] 戴瑞同, 孙占国. 菱形配筋剪力墙连梁的承载能力 [J]. 工业建筑, 1994, 5: 32-38.

[39] 曹云锋, 张彬彬, 赵杰林, 等. 改善洞口连梁抗震性能的一种有效配筋方案 [J]. 重庆建筑大学学报, 2003, 25 (5): 24-30.

[40] 滕军, 马伯涛, 周正根, 等. 提高联肢墙抗震性能的连梁耗能构件关键技术研究 [J]. 工程抗震与加固改造, 2007, 29 (5): 1-6.

[41] 滕军. 结构振动控制的理论、技术和方法 [M]. 北京: 科学出版社, 2009: 57-76.

[42] 梁兴文, 刘清山, 李萍. 新配筋方案小跨高比连梁的试验研究 [J]. 建筑结构, 2007, 37 (12): 26-29.

[43] 黒瀬行信, 戸沢正美, 佐藤宏貴, 等. 低降伏点鋼を用いた境界梁ダンパーの研究: その1 実験計画・静的加力実験 [C]//学術講演梗概集. 構造系 (C-1), 2002, 1033-1034.

[44] 佐藤宏貴, 黒瀬行信, 熊谷仁志, 等. 低降伏点鋼を用いた境界梁ダンパーの研究: その2 実験結果の評価 [C]// 学術講演梗概集. 構造系 (C-1), 2002, 1033-1034.

[45] 熊谷仁志. RC 立体耐震壁および境界梁ダンパーを用いた超高層建物の地震応答 [R]. 清水建設研究報告, 第87号, 平成22年1月.

[46] Fortney P J, Shahrooz B M, Rassati G A. Large-scale testing of a replaceable "fuse" steel coupling beam [J]. Journal of Structural Engineering, 2007, 133 (12): 1801-1807.

[47] 李爱群. 钢筋砼剪力墙结构抗震控制及其控制装置研究 [D]. 南京: 东南大学博士学位论文, 1992.

[48] 李爱群, 丁大钧, 曹征良. 带摩阻控制装置双肢剪力墙模型的振动台试验研究 [J]. 工程力学, 1995, 12 (3): 70-76.

[49] 段称寿. 地震安全社区实用技术研究 [D]. 哈尔滨: 中国地震局工程力学研究所硕士论文, 2011.

[50] 何雄科. 钢滞变阻尼器在高层剪力墙结构抗震中的应用研究 [D]. 哈尔滨: 中国地震局工程力学研究所硕士论文, 2012.

[51] 潘超, 翁大根. 连梁内设置竖向变形阻尼器的耗能剪力墙体系减震分析与设计 [J]. 建筑结构学报, 2012, 33 (10): 39-46.

[52] 毛晨曦, 张予斌, 李波, 等. 连梁中安装 SMA 阻尼器框剪结构非线性分析 [J]. 哈尔滨工业大学学报, 2013, 45 (12): 70-77.

[53] 李冬晗. 钢混结构的剪力墙连梁截断式金属阻尼器设计与抗震分析 [D]. 大连: 大连理工大学, 2013.

[54] 施唯, 王涛, 孔子昂, 等. 消能连梁子结构试验研究 [J]. 地震工程与工程振动, 2014, 34 (s): 743-749.

[55] 包世华, 张铜生. 高层建筑结构设计和计算 (上册) [M]. 2版. 北京: 清华大学出版

社，2013：129-130.

[56] 建筑微杂志［EB/OL］.［2015-09-12］. http://xuxl01. cn/html/001/443. html.

[57] 孙训方，方孝淑，关来泰. 材料力学 I［M］. 4版. 北京：高等教育出版社，2002：158.

[58] 龙驭球，包世华，袁驷. 结构力学 I［M］. 3版. 北京：高等教育出版社，2012：142-193.

[59] Paulay T，Priestley M J N. Seismic Design of Reinforced Concrete and Masonry Buildings［M］. New York：JOHN WILEY & SONS, INC, 1972：417-420.

[60] Wyllie L A，Filson J R. Performance of Engineered Structures. Earthquake Spectra, Special Supplement, Armenia Earthquake Reconnaissance Report［R］. 1989.

[61] Concrete Buildings Damaged in Earthquakes［EB/OL］.［2015-05-08］. http://db. concretecoalition. org/building/102.

[62] Park R，Paulay T. Reinforced Concrete Structures［M］. New York：Wiley 1975：769.

[63] 克拉夫 R，彭津 J. 结构动力学［M］. 2版. 王光远，等译. 北京：高等教育出版社，2006：446-448.

[64] National Research Council（U. S.），Committee on the Alaska Earthquake. The Great Alaska Earthquake of 1964［M］. Washington：National Academy of Sciences，1968.

[65] Concrete Buildings Damaged in Earthquakes［EB/OL］.［2015-05-08］. http://db. world-housing. net/building/111.

[66] Wikipedia［EB/OL］.［2015-07-21］. https://en. wikipedia. org/wiki/List_ of_ tallest_ buildings_ in_ Anchorage.

[67] Harries K，Moulton J，Clemson R. Parametric study of coupled wall behavior：implications for the design of coupling beams［J］. Journal of Structural Engineering，2004，130（3）：480-488.

[68] 李宏男，李忠献，祁皑，等. 结构振动与控制［M］. 北京：中国建筑工业出版社，2005.

[69] 王肇民. 高耸结构振动控制［M］. 上海：同济大学出版社，1997.

[70] 周云. 粘滞阻尼减震结构设计［M］. 武汉：武汉理工大学出版社，2006.

[71] 周福霖. 工程结构减震控制［M］. 北京：地震出版社，1997.

[72] Biot M. Theory of Elastic System Vibrating under Transient Impulse with Application to Earthquake Proof Buildings［C］//Proc. National Academy of Sciences，1933.

[73] 胡聿贤. 地震工程学［M］. 2版. 北京：地震出版社，2006：173-175.

[74] 中国防震减灾百科全书总编辑委员会《地震工程学》编辑委员会. 中国防震减灾百科全书—地震工程学［M］. 北京：地震出版社，2014：41-106.

[75] Hudson D E. Response Spectrum Techniques in Engineering Seismology［C］//Proc. 1st World Conference on Earthquake Engineering, Earthquake Engineering Research Institute, Berkeley, CA, 1956.

[76] Hudson D E. Some Problem in the Application of Spectrum Techniques to Strong Motion Earthquake Analysis［J］. Bull Seismological Society of America，1962，52（2）.

[77] 中国地震局地球物理研究所，中国地震灾害防御中心，中国地震局工程力学研究所，等. GB 18306-2015 中国地震动参数区划图［S］. 北京：中国标准出版社，2015.

［78］American Society of Civil Engineers. FEMA-356 Federal Emergency Management Agency ［S］. Washington, D. C.: Federal Emergency Management Agency, 2012.

［79］王毅. 地震工程中的等效线性化方法研究 ［D］. 杭州: 浙江大学, 2011.

［80］赵静, 刘文锋. 建筑结构的基本自振周期研究 ［J］. 特种结构, 2011, 28 (2): 30-32.

［81］和田章, 岩田卫, 清水敬三, 等. 建筑结构损伤控制设计 ［M］. 曲哲, 等译. 北京: 中国建筑工业出版社, 2014: 63-91.

［82］沈聚敏, 周锡元, 高小旺, 等. 抗震工程学 ［M］. 2版. 北京: 中国建筑工业出版社, 2015: 61-81.

［83］Housner G W, Martel R R, Alford E L. Spectrum Analysis of Strong-Motion Earthquake ［J］. Bull Seism Soc Am, 1953, 43 (2).

［84］中国科学院土木建筑研究所. 地震工程研究报告集 第一集 ［R］. 哈尔滨: 中国科学院土木建筑研究所, 1962: 12-20.

［85］中国科学院工程力学研究所. 地震工程研究报告集 第二集 ［R］. 哈尔滨: 中国科学院工程力学研究所, 1965: 53-84.

［86］Sozen A, Shibala A. Substitute Structure Method of Seismic Design in R. C. Frames ［J］. J ASCE, Structure Div, 1976, 120 (1).

［87］刘锡荟, 刘经纬, 陈永祁. 阻尼对反应谱影响的研究 ［J］. 地震研究, 1982, 5 (1): 124-132.

［88］周雍年, 周正华, 于海英. 设计反应谱长周期区段的研究 ［J］. 地震工程与工程振动, 2004, 24 (2): 15-18.

［89］蒋建, 吕西林, 周颖, 等. 考虑场地类别的阻尼比修正系数研究 ［J］. 地震工程与工程振动, 2009, 29 (1): 153-161.

［90］郝安民, 周德源, 李亚明, 等. 近断层脉冲型地震动下位移谱阻尼修正系数 ［J］. 振动与冲击, 2011, 30 (12): 108-113.

［91］郝安民, 周德源, 李亚明, 等. 考虑震级影响的规范阻尼修正系数评估 ［J］. 同济大学学报(自然科学版), 2012, 40 (5): 657-661.

［92］陈勇, 赵凤新, 胡聿贤, 等. 不同阻尼比反应谱的转换关系 ［J］. 地震工程与工程振动, 2010, 30 (4): 17-23.

［93］马东辉, 李虹, 苏经宇, 等. 阻尼比对设计反应谱的影响分析 ［J］. 工程抗震, 1995, (4): 35-40.

［94］李英民, 刘立平. 工程结构的设计地震动 ［M］. 北京: 科学出版社, 2011.

［95］Nelson Lam, John Wilson, Adrian Chandler, et al. Response spectrum modelling for rock sites in low and moderate seismicity regions combining velocity, displacement and acceleration predictions ［J］. EARTHQUAKE ENGINEERING AND STRUCTURAL DYNAMICS, 2000, 29 (10): 1491-1525.

［96］You Hongbing, Zhao Fengxin, You He. Characteristic Period Value of the Seismic Design Response Spectrum of UHV Electrical Equipment ［J］. Earthquake Research in China, 2015, 29 (1): 117-127.

[97] Zhao Yongfeng, Tong Gengshu. An Investigation of Characteristic Periods of Seismic Ground Motions [J]. Journal of Earthquake Engineering, 2009, 13: 540-565.

[98] 胡聿贤. GB 18306—2001《中国地震动参数区划图》宣贯教材 [M]. 北京: 中国标准出版社, 2001.

[99] Wang Su Yang, Wang Hai Yun. Site-dependent shear-wave velocity equations versus depth in California and Japan [J]. Soil Dynamics and Earthquake Engineering, 2016, 88: 8-14.

[100] 日本隔震结构协会, 编. 被动减震结构设计 施工手册 [M]. 蒋通, 译. 北京: 中国建筑工业出版社, 2008.

[101] 韩小雷, 季静. 基于性能的超高层建筑结构抗震设计——理论研究与工程应用 [M]. 北京: 中国建筑工业出版社, 2013.

[102] 中华人民共和国国家标准. 混凝土结构设计规范 GB 50010—2010 [S]. 北京: 中国建筑工业出版社, 2010.

[103] 薛强. 弹性力学 [M]. 北京: 北京大学出版社, 2006.

[104] 钱稼茹, 徐福江. 钢筋混凝土连梁基于位移的变形能力设计方法 [J]. 建筑结构, 2006, 36 (S1): 63-65.

[105] Brad D Weldon, Yahya C Kurama. Nonlinear Behavior of Precast Concrete Coupling Beams under Lateral Loads [J]. JOURNAL OF STRUCTURAL ENGINEERING, 2007, 133 (11): 1571-1581.

[106] Ralph I Stephens, Ali Fatemi, Robert R Stephens, et al. Metal Fatigue in Engineering-Second Edition [M]. Jonh Wiley & Sons, Inc, 2001.

[107] Hertzberg R W. Deformation and Fracture Mechanics of Engineering Materials [M]. Jonh Wiley & Sons, Inc, 1983.

[108] 吴斌. 滞变型耗能减振体系的试验、分析和设计方法 [D]. 哈尔滨: 哈尔滨建筑大学, 1998.